航天科技图书出版基金资助出版

“三F”技术

——可靠性教程

朱明让　何国伟　廖炯生　编著

中国宇航出版社

·北京·

图书在版编目（CIP）数据

“三 F”技术：可靠性教程 / 朱明让，何国伟，廖炯生编著．-- 北京：中国宇航出版社，2017.2

ISBN 978-7-5159-1281-3

Ⅰ．①三… Ⅱ．①朱… ②何… ③廖… Ⅲ．①可靠性一教材 Ⅳ．①TB114.3

中国版本图书馆 CIP 数据核字（2017）第 041802 号

责任编辑　赵宏颖　　　封面设计　宇星文化

出版发行　中国宇航出版社

社　址　北京市阜成路 8 号　　邮　编　100830

（010）60286808　　（010）68768548

网　址　www.caphbook.com

经　销　新华书店

发行部　（010）60286888　　（010）68371900

（010）60286887　　（010）60286804（传真）

零售店　读者服务部

（010）68371105

承　印　北京画中画印刷有限公司

版　次　2017 年 2 月第 1 版　　2017 年 2 月第 1 次印刷

规　格　880×1230　　开　本　1/32

印　张　6.625　　字　数　130 千字

书　号　ISBN 978-7-5159-1281-3

定　价　68.00 元

本书如有印装质量问题，可与发行部联系调换

航天科技图书出版基金简介

航天科技图书出版基金是由中国航天科技集团公司于2007年设立的，旨在鼓励航天科技人员著书立说，不断积累和传承航天科技知识，为航天事业提供知识储备和技术支持，繁荣航天科技图书出版工作，促进航天事业又好又快地发展。基金资助项目由航天科技图书出版基金评审委员会审定，由中国宇航出版社出版。

申请出版基金资助的项目包括航天基础理论著作，航天工程技术著作，航天科技工具书，航天型号管理经验与管理思想集萃，世界航天各学科前沿技术发展译著以及有代表性的科研生产、经营管理译著，向社会公众普及航天知识、宣传航天文化的优秀读物等。出版基金每年评审1～2次，资助20～30项。

欢迎广大作者积极申请航天科技图书出版基金。可以登录中国宇航出版社网站，点击“出版基金”专栏查询详情并下载基金申请表；也可以通过电话、信函索取申报指南和基金申请表。

网址：http：//www.caphbook.com

电话：(010) 68767205，68768904

序

今年是航天事业创建60周年。一代代航天人为了祖国航天事业的发展、壮大，为了使中国屹立于世界航天强国之林，自力更生，艰苦奋斗，顽强拼搏，勇于创新，铸造了以“两弹一星”、载人航天、月球探测为代表的一系列辉煌成就。我为有幸成为航天科技队伍中的一员，备感自豪和荣幸！

最近，朱明让同志告诉我，为庆祝航天事业创建60周年，准备将《“三F”技术培训教材》正式出版。这本书最初是在20世纪90年代中期为航天工程技术人员进行可靠性技术培训而组织编写的，围绕故障（Fault）的预防、控制、纠正，介绍了故障模式、影响及危害性分析（FMECA），故障树分析（FTA），故障报告、分析和纠正措施系统（FRACAS）等三种可靠性分析与管理技术（简称“三F”技术），并论述了三者间的关系与应用，是保证航天大系统可靠性的重要工作。朱明让希望我能为此书的正式出版作序。翻阅此书，让我又回想起90年代那段难忘的历程，同时也借机述说一下自己的亲身感悟。

20世纪90年代初，载人航天工程、新一代导弹、卫星开展研制，要求技术上台阶；为进入国际发射服务市场，要求进一步提高产品的可靠性和安全性；改革开放、军品锐减、走向市场，航天科技工业面临体制、机制和人员思想观念上的诸多不适应。大环境的变化给科研、生产、试验工作带来了新的挑战。人心不稳、管理不到位，产品质量问题不断出现，导致中国航天面临失败不起、没有退路的境地。

1993 年，中国航天工业总公司一成立，就决定从分析、解决现实质量问题入手，查找深层次原因。通过对 31 个型号在总装和靶场测试中暴露的 3250 个质量问题的分析来看，设计、制造、试验、采购各个过程失控相当普遍。问题产生的直接原因主要可分为两大类：一类是疏于管理和人心不稳、责任心不强造成的人为差错和重复故障；一类是限于技术水平和手段、能力，致使一些型号任务因“没想到”、“没做到”、“没测到”、“没试到”出现重大失误和失败，造成巨大损失。

要适应变化了的客观新形势，人们就得进一步发挥主观能动性，想方设法，变被动为主动。解决质量问题，绝不能就事论事，头痛医头、脚痛医脚或空喊口号，要从实际出发，运用系统的观点与方法，深化认识，制定对策，夯实基础，提高能力。总公司组织专门班子研究质量形势，制定了改革航天质量管理的方案，提出：各企事业单位要抓质量管理体系的有效运行，各型号要抓产品保证大纲的严格实施，质量专业要抓“三个一”（队伍、手段、方法）的基础建设，建立起自我保证与客观监督相结合的机制。同时，调整政策以调动各级、各类人员的积极性。

明确了思路和方向，我们从多方面着手采取措施。

针对手段、能力的不足，在政府和军队的支持下，我们实施了运载火箭生命工程、卫星长寿命工程、工艺振新计划等以保质量为重点的专项技术改造，在关键环节上配齐必要的、先进的加工、装配、试验、分析设备，全面提高研究、设计、制造、试验能力；还针对无法检、不能测等监督能力的缺失，实施质量专项技改，完善、建设了元器件可靠性保证中心、软件评测中心、失效分析中心、工艺研究中心、可靠性研究中心、质量与可靠性信息中心等22个技术支撑单位，提高检测、把关和技术保障能力。

针对管理松懈、责任心不强问题，首先从总公司机关开始，进行了思想、作风、纪律整顿，提高人员素质，弘扬航天精神；继而在全系统开展全员培训，把提高全员质量意识，特别是提高领导干部的质量意识放在首位，以从根本上转变对质量管理的认识和态度。总公司总经理、副总经理带头参加高层领导干部质量培训，型号总师、总指挥、总部机关司局长、各院院长80余人，分四期，脱产学习一周，并撰写论文。各院、局、基地组织约11万人、占比96%的军岗人员参加了各种培训。同时，实施了两种不同机制、不同政策的军民品分线管理，在国家支持下争取了相关的政策，解决了军品人员的后顾之忧；稳定了军品队伍，放活放开了民品的发展。

为规范管理，建章立制，强化设计、制造过程控制，总公司陆续组织制定了《航天型号可靠性管理暂行规定》、工程管理的“72条”①、质量管理的“28条”②、质量问题的“归零双五条”等法规性文件；发布总经理责任令，严格落实责任制；在型号研制过程开展分阶段质量复查、“双想”活动、复核复算的基础上，全面推进“三F”技术应用，促进设计人员全面地、系统地思考，尽可能防止和减少因“没想到”、“没做到”、“没测到”、“没试到”而出现的问题；针对设计过程质量难控的特点，在做好转阶段评审的基础上，增加可靠性、元器件、软件、工艺专题设计评审，同时，成立相对固定的专家组支持科学决策；以确保可靠性为重点，严格控制技术状态更改；加强航天型号电子元器件选用管理和飞行软件的独立评测，实施重大质量事故审查制度和故障信息通报制度等。

为防止重复故障和人为差错的再发生，提出了质量问题“归零”的“双五条要求”，并严格实行“不归零，不准转阶段；不归零，不准出厂；不归零，不准发射”，防止“归零”工作走过场。归零的“双五条要求”经过多年的成功实践已提炼成为国家航天标准，还被国际航天界采纳成为国际航天标准；中国航天也因“归零”的独创性工作赢得了首届国家质量奖。

“三F”教材正是在这种环境下组织编写的，作为培训教材，系统地介绍了“三F”技术基本概念、原理、方法和相互关系及其在研制过程中的作用，是老一代航天可靠性

① 中国航天工业总公司强化航天科研生产管理的若干意见。

② 强化型号质量管理的若干要求。

专家们的集体心血。把“三F”技术作为一个组合，论述了它们之间的关系、区别及相互作用。在工程中综合应用“三F”技术，可以起到预防、控制和纠正故障的良好作用。多年来，“三F”技术对推动航天领域设计可靠性分析、研制试验风险分析、“归零”过程的机理分析、航天可靠性保证工作的深入开展、辅助航天型号重大的科学决策，以及为保证和提高航天型号可靠性起到了重要作用。

在航天事业创建60周年之际，在向航天强国进军的征途中，在创新驱动发展战略的实施中，我们将面临更大的挑战和更多的难题。公开出版《“三F”技术——可靠性教程》，期望能帮助新一代航天设计师们，以及不同专业领域的工程技术人员和质量保证人员学习、了解、掌握好“三F”技术，并结合各自的工程实际创造性地应用，以提高新产品和大系统的可靠性、安全性。更希望新一代航天人特别是可靠性专家们能在同故障作斗争的实践中不断总结、发展、创新，把“三F”技术的研究、应用提高到新水平，使其发挥更大作用，取得更多成效。

刘纪原

2016年10月

编著说明

航天人始终以周恩来总理提出的“严肃认真，周到细致，稳妥可靠，万无一失”的要求，进行着航天产品的研究、设计、制造、试验，并不断创新、攀登着新的高度。享受过成功的喜悦，也饱尝过失败的痛苦，不断丰富着与故障和困难作斗争的经验。

进入20世纪90年代，我国航天事业发展到一个新的历史时期，工程系统日益庞大复杂，技术全面上台阶，产品更新换代，队伍新老交替，管理从计划走向市场。为迎接新的挑战，加强队伍建设，航天系统组织编写了具有航天特色的管理干部岗位培训系列教材。我负责组织编写了《质量与可靠性管理》一书，并于1993年出版，该书全面、系统地介绍了产品保证的主要技术领域和管理方法。航天大系统的固有质量与可靠性是由设计确立的，通过制造实现，经试验验证，在使用中才显现出来，设计是整个航天大系统研制过程的关键环节。为提高设计可靠性，1993年3月22日，召开了航天型号可靠性研讨会，形成了《航天型号可靠性工作暂行规定》，于当年5月发布。1994年3月22日，首个航天质量日，面对严峻的航天质量形势，中国航天工业总公司领导要求据此规定对工程设计人员进行可靠性技术培训，使他们通过系统的学习，能结合工程实际应用可靠性技术提高设计水平。总公司质量局指派我负责此项工作。当时，我感到最紧迫的是如何防止、控制故障的发生，尽快降低发射、飞行过程的故障率，就从《航天型号可靠性工作暂行规定》中要求进行的可靠性分析、试验、管理众多工作项目中，精选出最重要、最好理解、见效又最快的三项可靠性工作：故障模式、影响及危害性分析（FMECA），故障树分析（FTA），故障报告、分析和纠正措施系统（FRACAS）。

这三项工作都是围绕故障（Fault）展开的，故将其取名为“三 F”技术。FMECA 可用于系统研制的各个阶段，对各层次产品可能出现的故障模式、影响及危害程度进行全面分析，以及早发现薄弱环节，采取措施。FTA 用于重点分析，在设计阶段仅用于对系统运行过程中的关键环节或关键事件发生的可能原因及相互关系进行分析推断，以尽早在工程上采取规避对策；也可在产品发生故障后，帮助查找导致故障原因的事件链。FRACAS 则是用于产品发生故障后，组织报告、分析、纠正的闭环管理，是实现“归零”的基础。

1994 年 3 月，邀请了资深的可靠性专家何国伟、廖炯生参加编写，经在航天系统内试讲、研讨，于 1995 年 3 月作为航天内部培训教材印发，同时印发了汇编的《航天故障启示录》。书中大部分内容，虽取之于有关可靠性资料和相应的标准，但把“三 F”作为一个组合，论述了它们之间的相互关系及在工程中的地位、作用，并融入了老一代航天可靠性专家们的理解、经验、思考与创新。

20多年来，该培训教材用于对一代代航天工程技术人员和可靠性保证人员进行可靠性培训，对帮助工程设计人员和产品保证人员学习掌握和应用“三F”技术，进而做好、管好航天型号可靠性工作，管控型号试验风险起到了一定作用。推动“三F”技术的普及和在航天工程中的广泛应用，为扭转当时严峻的航天质量形势和保证载人航天、月球探测等新一代航天工程顺利实施，以及为推动航天质量问题归零管理的不断深入，都起到了重要的作用。

当今，在建设航天强国的征途中，在航天队伍不断更新与壮大的新形势下，面对新一代航天工程要求的高可靠性和技术创新的高风险，继续深化“三F”技术培训十分必要。近两年来，我陆续参加了国家国防科技工业局探月中心组织的质量检查，到航天系统内外有关单位，了解到一些“三F”工作的实施情况，令我欣慰的是，大部分单位对型号各层级产品都开展了相应的工作。在任务多、时间紧的条件下，要在各个阶段把各层次产品的FMECA和不期望的关键事件的FTA工作都做得很好，确有难度；特别是需要各单位把几十年来自己产品研制、试验、使用中发生的所有故障加以全面系统的整理，建成数据库，以充分运用自己的经验，来支撑“三F”工作的进一步深化，提高其对故障防、控、纠的有效性，目前的分析工作还有很大的改进空间，在防人为差错和可避免的重复故障方面尚需狠下功夫。

重大故障的根源多来自设计阶段。做好“三F”工作是预防、控制、纠正产品故障的最有效方法，是促使设计师深入思考、推敲设计可靠性，增加设计透明度，提高设计评审质量，强化设计质量监督的重要途经。进一步提高对“三 F”技术应用重要性的认识，不断推进“三 F”工作深入到大系统的各产品层次、各研制阶段，以进一步提高设计质量，还任重道远。同时，在深化“三 F”工作过程中，可促进各类产品故障数据库的建设、完善与有效运行，更好地进行经验的积累和知识的传承，进一步做好大系统故障的预防、控制和纠正，以确保航天型号的“万无一失”。为此，必须进一步对各级领导、总师系统、产品保证工程师们，一代一代地实施不断深化的“三 F”技术培训。

《“三 F”技术培训教材》虽然是在 20 多年前编写的，但它论述的基本概念和基本方法是比较经典的，对保证大系统的安全性和可靠性仍然是适用的和有效的。只是书中引用的技术与管理标准，近年有一些修订，这可在研读和使用时，结合当前工程特点去查询、参考。

在航天事业创建 60 周年庆祝之际，更名为《“三 F”技术——可靠性教程》公开出版发行，弘扬它在航天发展过程助力航天走出低谷发挥的历史性作用，可为进一步拓展、深化它在航天及更广阔领域中的应用做出新贡献。

刘纪原同志为本书作序，他简要回顾了 20 世纪 90 年代初，面对国家改革开放的新形势，他带领中国航天工业总公司在实现工业部变企业、从计划到市场、军转民、走向国际等一系列重大变革中，针对面临的问题和困难所做的努力，帮助人们深刻理解本书编写的背景和初衷。并对运用本书培训技术队伍，推动航天大系统安全性、可靠性工作的开展，助力航天走出低谷的贡献给予肯定。在本书再版过程中，组织有关专家对全书进行了校审，主要是改错、补漏，对个别地方作了些许修改。黎雨虹、任立明、朱北园、王琪和孙岩同志分别对全书各章节进行了认真校审，杨多和、杨双进同志为推荐本书出版付出许多努力，李梦白同志组织书稿录入，一院十二所和中国宇航出版社对本书的出版予以大力支持，在此一并感谢。

2016 年 10 月

前　言

航天科技工业已进入一个新的历史发展时期，担负着国家发展航天的战略任务，各类高可靠性导弹、长寿命卫星、载人航天器相继开展研制，运载火箭开始步入国际市场。由于用户使用需求的不断提高，新技术的大量应用，加之国内外市场的激烈角逐，迫使我们不得不把提高系统效能和产品的可靠性放到极其重要的位置来考虑。

航天系统的高可靠性是通过设计确立和制造保证的。保证航天产品在使用环境下可靠地工作，必须改进传统的设计过程和制造过程，改进管理方法，以便经济有效地满足系统的可靠性要求。

国内外工程研制的经验证明，要保证可靠性要求的实现，必须运用可靠性分析技术和管理技术，从设计和工艺上去防止故障的产生，控制故障发生的概率，一旦故障发生，就要通过规范的管理程序去彻底加以纠正，并“举一反三”，防止类似故障再现。

故障模式、影响及危害性分析（FMECA），故障树分析（FTA）和故障报告、分析和纠正措施系统（FRACAS）是应用较广泛而又较为有效的三项可靠性技术（简称“三F”技术），对保证系统可靠性和安全性具有重要作用。在国外航天、航空和军事装备研制领域普遍采用并取得良好的效益。

在我国航天系统研制过程中开展的质量复查、“双想”（回想和预想）、故障分析等质量保证活动，实际上已运用了“三 F”技术的思路，只是还不够系统和规范。进一步提高分析、管理水平，广泛运用“三 F”技术来改进我们的设计和管理已势在必行。

我们把各种导弹、卫星造出来，送上天的目标早已实现，但要更经济、更快地制造新一代导弹、卫星以满足各种用户的需求，特别是在多型号并举、军民品任务同步发展的条件下，实现这一新的更高的目标，不仅技术上要上水平，而且可靠性要上台阶，这是更加艰巨的任务。

编写这本教材是为了向广大工程设计人员系统介绍有关“三 F”技术的概念、原理和实施方法，结合若干事例分析讲解实施要领和注意事项，以便为工程应用提供指导。在利用本教材教学过程中，可以结合《航天故障启示录》中选编的某些故障实例进行讲解和学习，以便加深对“三 F”技术的理解。

把可靠性设计到航天型号中去是设计师的责任。只有广大工程设计人员学好、用好“三 F”技术，并结合各自型号的特点认真做好“三 F”工作，才能把航天型号可靠性提高到一个新水平。

1995 年 2 月 15 日

出版者的话

《“三F”技术培训教材》是根据航天工业总公司领导的要求，为满足广大工程技术人员学习和结合工程实际应用“三F”技术的需要，由质量技术监督部组织编写的为培训航天工程设计人员使用的一本教材。

我们编写这本教材的出发点是：通过系统介绍“三F”技术的基本概念、原理和方法，以及对航天工程实际事例的分析，着重讲清应用“三F”技术的关键点和重点，并做到文字简练、通俗易懂，尽可能运用图表说明问题的实质、有关工作的相互关系和工作流程。

《“三F”技术培训教材》共分为4章。第1章概论，简要介绍与可靠性有关的一些基本概念、可靠性工程和“三F”技术的主要内容，为系统学习“三F”技术做准备；第2～4章分别为FMECA技术、FTA和FRACAS，较系统地介绍了“三F”技术的基本概念、原理和方法，并附有工程应用实例和练习题。在教材中，“三F”技术各成一章，在每一章后均列出了与该章有关的参考文献，以供大家查阅、参考。

编辑组于1994年3月11日成立，并召开了第一次工作会议，初步落实教材主要内容。1994年4月8日召开了编辑组第二次工作会议，讨论确定教材编写提纲，并具体落实了每一章的责任编写人员及书稿编写要求。1994 年 5 月 9 日召开了编辑组第三次工作会议，讨论、修改编写提纲，确定“三 F”教材编写方案。经编辑组成员共同努力，在 1994 年 6 月中旬完成了全书初稿，并于同年 6 月 22 日～24 日召开了编辑组第四次工作会议，即“三 F”教材审稿会。与会代表深入、细致地对初稿逐章进行了讨论，并提出了修改方案。编辑组对初稿进行修改和完善，广泛征求了工程技术人员和有关专家的意见，1994 年 11 月上旬完成“三 F”教材试用本的定稿工作，并于同年 11 月 14 日～18 日召开了“三 F”培训教材研讨会，对“三 F”教材进行了试讲。同时召开了编辑组第五次工作会议，根据试讲效果和各院、局、基地有关代表反馈的意见，提出了进一步修改的建议。

同时，总公司栾恩杰副总经理仔细审阅了教材练习题，提出认真修改和增设练习的要求，编辑组再次组织对教材试用本进行了全面修改，并于 1995 年 1 月 11、12 日召开了编辑组第六次工作会议，最后确定了教材内容。

本教材第 1、4 章由朱明让编写，第 2 章由何国伟编写，第 3 章由廖炯生编写。在教材编写过程中，周广涛、邱邦清、刘珍妮、严忠玮、张玉麟、饶枝健也参加了撰稿。全书由朱明让、邵德生负责统编，胡昌寿、何国伟、王文超三位顾问审校了书稿，闫振纲、张思惠、朱北园、邵瑞芝、周传珍、顾长鸿、张良瑞等同志提出了许多宝贵意见。

由于时间仓促、经验不足，这本教材还有一些不尽如人意之处，在使用过程中还需要吸收各方面的意见，进一步充实、完善。在此诚恳希望广大读者不吝指教。

航天工业总公司质量技术监督部
1995 年 2 月于北京

目　录

第1章　概　论

可靠性是产品一种固有的质量属性，它表示产品在使用过程中能保持正常的工作状态或完成规定任务的能力。产品的可靠性是通过设计、制造、试验等一系列工程活动逐步形成的。仅仅依靠传统的设计、制造、试验和管理方法，难以保证产品达到高可靠性，必须引入可靠性设计和管理方法，从指标论证开始，通过一系列可靠性分析、试验工作，把可靠性要求综合到研制的全过程中去。

“三F”是可靠性工程中的三种可靠性技术，它们分别是：故障模式、影响及危害性分析（FMECA）、故障树分析（FTA）和故障报告、分析和纠正措施系统（FRACAS）。这三项技术的英文名称第一个字母都是“F”，故简称“三F”技术。FMECA和FTA是分析技术，而FRACAS是管理技术。

本章简要介绍同可靠性有关的一些基本概念、可靠性工程和“三F”技术的主要内容，为系统学习“三F”技术做准备。

1.1 几个基本概念

概念是研究、理解和区分一切事物最重要、最起码的知识。掌握基本概念是统一认识的基础，也是深刻理解一个学科和提高有关工作自觉性的前提。要推动可靠性工程的实施，必须掌握基本概念。

1.1.1 故障

产品不能或将不能完成预定功能的事件或状态，称之为故障。如导弹发射时未能点火，运载火箭未能将卫星送入预定轨道，卫星中有效载荷在轨道运行中停止了工作等。故障会造成重大安全事故、任务失败或引起令人烦恼的维修工作，并带来巨大的经济损失。据美国统计，其产品年故障损失高达上千亿美元，许多重大事故往往是由于产品故障引起的。例如，苏联联盟 11 号飞船因返回舱中一个与外界连通的活门提前打开，造成三名航天员死亡；美国挑战者号航天飞机因固体助推器密封接头处的燃气泄漏而导致飞行中爆炸，造成七名航天员丧生。因此，如何防止故障的产生，减少故障损失已成为工程界、管理界和用户共同关心的重要课题。可靠性技术就是在研究故障发生规律，充分运用故障信息来防止和控制故障发生的工程实践中发展起来的一门技术学科。

1.1.2 概率

概率是用来表示随机事件发生可能性大小的一个量。一枚运载火箭飞行试验可能成功，也可能失败；通信卫星的某个转发器工作寿命可能是五年，也可能是十年；一部跟踪雷达在连续一小时的工作过程中可能不出故障，也可能出故障。上述这些事件的结果是不确定的，正如抛一枚硬币可能出现正面，也可能出现反面一样。对随机事件出现可能性大小的度量就得用“概率”来描述。可靠性就是用产品在某一段时间内无故障工作的概率加以描述的产品特性。

保证和提高产品可靠性就要在设计、生产上采取措施，把故障出现的概率控制到容许的数值。

所谓“小概率”事件是指在一次试验中极不可能出现、但在极多次试验中很可能出现的那类事件。不能简单地把一切故障都说成是小概率事件，更不能认为小概率事件是无法控制的。

一枚火箭或一颗卫星都是由数万个乃至数十万个元器件、零部件和焊点、接头组成的复杂系统。要把系统出故障的概率控制到 10^{-1} 以下，则组成系统的每一个元器件、零部件、焊点或接头出故障的概率就得降低到 10^{-6} 以下。要想在打一发导弹或放一颗卫星之前做到心中有数，增大成功的把握，必须对系统中各个组成部分可能出故障的概率加以认真的分析、研究，并进行估计和控制。

1.1.3　系统

系统是指能够完成某项工作任务的设备、人员及技术的组合。一个完整的系统应包括在规定的工作环境下，使系统的工作和保障可以到达自给所需的一切设备、有关的设施、器材、软件、服务和人员。

系统的可靠性等于各组成部分可靠性之积，即

$$R_{系统}=R_{硬}\cdot R_{软}\cdot R_{人}\cdot R_{接口}$$

系统设计的任务之一是将系统可靠性要求分配落实到各个组成部分，建立各个部分的设计目标，并通过一组技术的和管理的措施，去控制系统中所有的硬件、软件、人员和接口可能出现故障的概率。把可靠性设计到系统中去，是通过分配、转换、估计和控制其各组成部分的故障发生概率来保证的。

1.1.4　系统效能

系统效能是系统在规定的条件下，满足任务和服务要求的能力。它是系统可用性（A）、可信性（D）及固有能力（C）的综合反映。系统效能 E 可表示为

$$E=A\cdot D\cdot C$$

式中　A——可用性，系统执行任务开始时，处于可用状态的概率。

D——可信性，系统执行任务过程中，任意一随机时

刻，能够使用且能完成规定功能的概率。

C——固有能力，产品在给定的条件下，满足给定的定量特性要求的自身的能力，如长度、直径、推力、射程、精度等。

一个系统只有在任务开始时可用，执行任务过程中可信，任务结束时达到预期结果，才是有效的系统。可用性、可信性主要取决于系统的可靠性和维修性，可靠性是系统固有能力能否充分发挥的基础。一个系统的使用价值取决于系统效能。设计一个系统时，必须从保证系统效能的角度出发，对可靠性、维修性和固有能力全面考虑，综合权衡，而不能片面追求性能。可靠性与性能同等重要，对系统的效能具有决定性的影响。

1.1.5 寿命周期费用

系统从研制开始到退役或报废为止的整个周期称之为系统寿命周期。寿命周期一般包括研制、生产和使用三个过程。系统所需的研制费（C_1）、生产或购置费（C_2）、使用与保障费（C_3）、退役处理费（C_4）之和称之为寿命周期费用（LCC），可表示为

$$\mathrm{LCC}=C_1+C_2+C_3+C_4$$

系统在使用过程中出故障会造成故障损失，出故障次数越多、越严重，造成的故障损失就越大。要减少故障损失，就要提高系统的可靠性。所以，可靠性既是决定系统效能的关键因素，又对系统寿命周期费用有极大的影响。

提高系统可靠性要增加系统研制费用和生产费用，但可以换取使用、维修费用的大幅度降低。这就是说，保证系统可靠性总得要花钱，但早花比晚花合算，可以取得较高的费用效益（单位费用所取得的效能），可靠性与寿命周期费用的关系如图 1-1 所示。在设计系统时，既要从保证系统效能的角度出发，又要考虑寿命周期费用的制约，合理地确定系统可靠性要求。

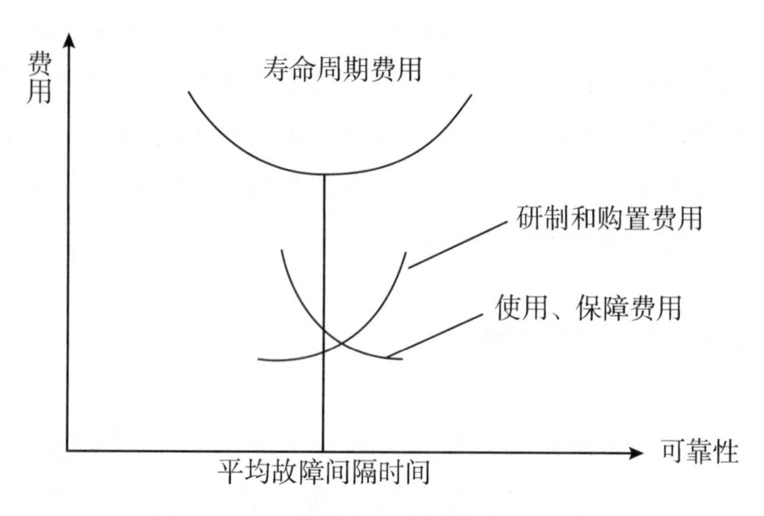

图 1-1　可靠性与寿命周期费用的关系

1.1.6　风险分析

风险分析的任务是确认有潜在问题的领域，量化有关风险，评估风险的影响，制定降低或控制风险的措施。

所谓风险是指达到规定目标的不确定性，具有失败概率 P_F 和后果 C_F 两个方面的内涵。一般用风险因子 R_F 将风险加以量化，以估算风险的高低

$$R_F = P_F + C_F - P_F \cdot C_F$$

式中 P_F——考虑了与硬件和软件的成熟性、复杂性及接口协调性等项目有关的失败概率加权平均值；

C_F——在技术、费用、进度等方面引起的后果达到某一严重程度的概率加权平均值。

根据计算的 R_F 数值大小，风险可分为低风险、中等风险和高风险，尔后针对高风险的项目采取降低或控制风险的措施。

在系统研制过程中，全面系统地开展可靠性分析、试验和监控工作，是降低研制风险的重要方法。因为在设计过程中，一些可能产生高风险的因素，有可能通过可靠性分析和试验及早地加以识别。如一些不完整的设计要求，不完善或不准确的任务剖面，未知的材料、元件特性，不成熟的技术，不协调的接口，不恰当的元件、材料的选择和应用，不正确的分析、计算，以及不真实的或不充分的试验等。

1.1.7 系统工程

按照美国军用标准 MIL-STD-499A 的定义，系统工程是对科学和工程技术成就的应用，主要体现在以下三个方面：

1）通过定义、综合、分析、设计、试验和评估等的反复迭代过程，将作战要求转换成对系统性能参数和系统技术状态的描述；

2）综合有关的技术参数，确保所有物理、功能和程序接口之间的兼容性，在一定程度上使整个系统的设计达到最佳状态；

3）将可靠性、维修性、安全性、生存能力、人的因素和其他的类似因素综合到整个工程之中，使费用、进度和技术性能达到总目标。

由上述描述可以看出，系统工程的任务有三个方面：一是设计出一个符合用户要求的系统；二是优化系统的参数和结构；三是将可靠性、维修性、安全性等特殊要求设计到系统中去，以保证系统效能、费用和进度均满足需要。

系统工程过程既是一个技术过程，又是一个管理过程，不仅强调功能分析、技术综合，而且强调评价与决策。系统工程过程如图 1-2 所示，技术综合过程如图 1-3 所示。

1.1.8　产品保证

产品保证是指在产品研制过程中，为使人们确信产品达到了规定的各种特性要求而进行的全部有关活动的有机整体。产品保证是一组系统化、规范化的技术工作和管理工作，是对产品设计和产品制造过程在技术上的支援与管理上的监控。产品保证是以确保可靠、安全等目标，通过制定和实施一项产品保证大纲完成的，内容包括质量保证、可靠性保证、维修性保证、安全性保证、软件质量保证、元器件控制、材料与工艺控制、人因工程和技术状态管理等各个方面的技术工作和管理工作。典型的产品保证体系如图 1-4 所示。

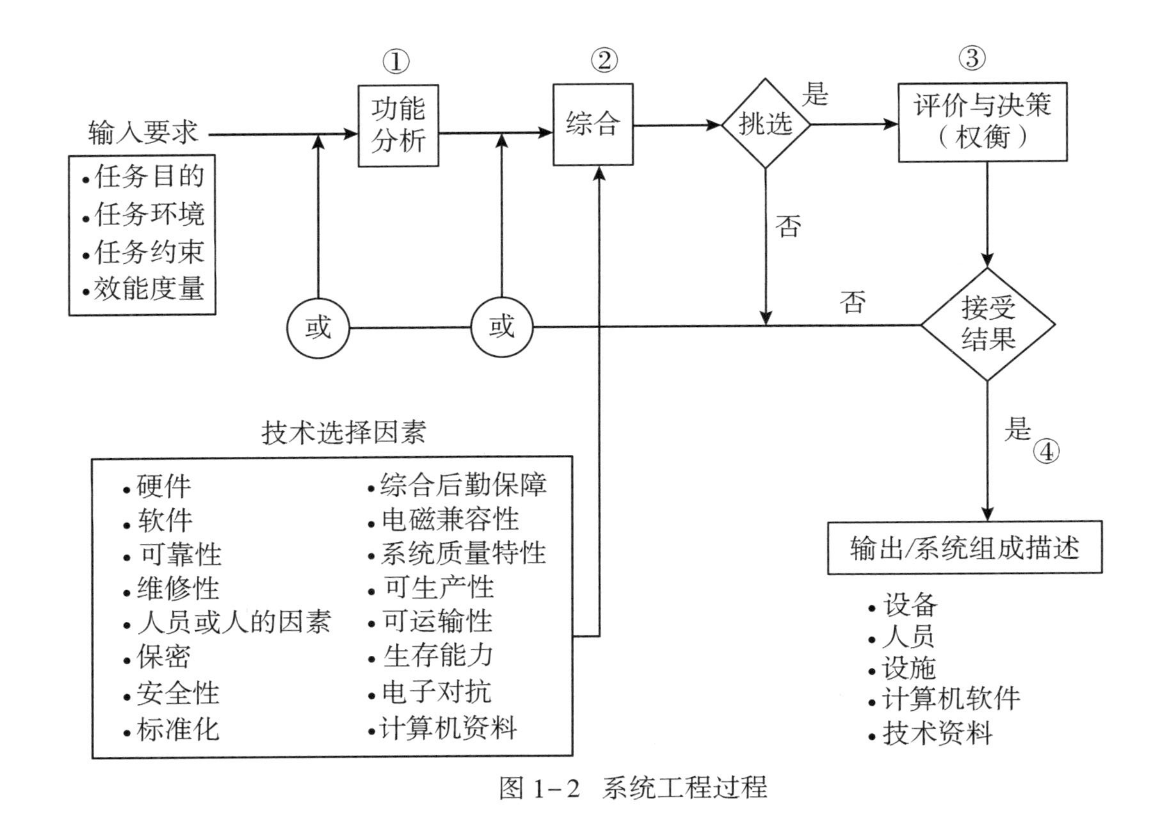
输入要求
·任务目的
·任务环境
·任务约束
·效能度量
①
功能分析
或
或
②
综合
挑选
是
否
③
评价与决策（权衡）
接受结果
否
是
④
输出/系统组成描述
·设备
·人员
·设施
·计算机软件
·技术资料
技术选择因素
·硬件
·软件
·可靠性
·维修性
·人员或人的因素
·保密
·安全性
·标准化
·综合后勤保障
·电磁兼容性
·系统质量特性
·可生产性
·可运输性
·生存能力
·电子对抗
·计算机资料

图 1-2　系统工程过程

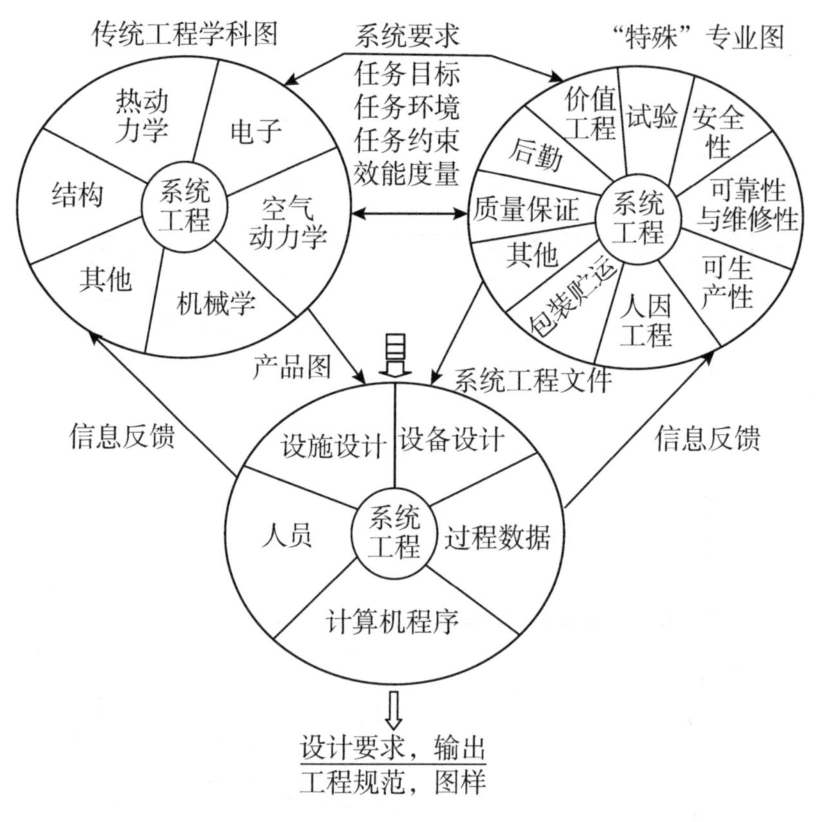

图 1-3　技术综合过程

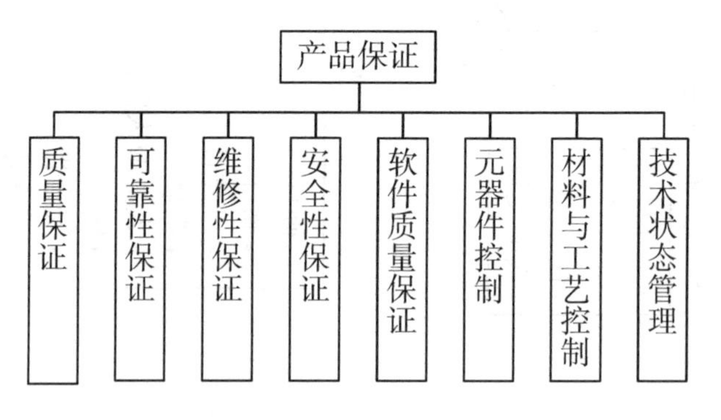

图 1-4　产品保证体系

任何复杂系统都是由“三件”——电子元器件、计算机软件和机械零部件，经过设计和制造“两个过程”形成的。产品保证的实质就是以保证大系统安全可靠为重点，通过制定和实施产品保证大纲的“一管理”来控制好“三件”和“两个过程”；既运用专业技术，又需要权威的管理。对航天型号实施产品保证是国际宇航界通用的做法，仅在叫法和内容上略有不同。欧洲空间局（ESA）的产品保证范围包括技术状态管理，美国国家航空航天局（NASA）则称之为安全与任务保证。

1.2 可靠性工程

可靠性工程是系统工程中一个特殊的专业工程，可靠性工程的目的是减少产品在使用中的故障，以提高系统效能和降低寿命周期费用。可靠性工程是运用概率统计及工程分析的方法来研究实施的，可靠性工程的主要工作内容包括以下6个方面。

1.2.1 论证和确定可靠性指标

可靠性工程的第一个步骤就是论证和确定可靠性指标。只有规定了明确、具体的可靠性要求，才能推动系统设计时及早考虑可靠性工作，包括开展一系列可靠性技术工作和管理工作，并据此分配足够的资源去保证可靠性目标的实现。

可靠性指标论证是系统战术技术指标论证的重要内容之一。可靠性指标论证应与系统功能、性能指标论证及研制费用和研制周期的论证结合起来，统盘考虑，综合权衡，以比较不同的方案，从而优选系统的方案，确定系统参数，把可靠性设计到系统中去。

在进行系统功能分析和确定任务剖面的基础上，进行可靠性要求分析，选择系统可靠性参数，规定可靠性设计的目标值和最低可接受值，提出可靠性验证要求和可靠性保证要求。

常用的系统可靠性参数示例如表 1-1 所示。

表 1-1　系统可靠性参数示例

目标	参数及定义
与战备完好有关的参数	平均停机事件间隔时间（MTBDE）$=\dfrac{\text{寿命单位总数}}{\text{不能执行任务事件总次数}}$
与任务成功有关的参数	致命故障间的任务时间（MTBCF）$=\dfrac{\text{任务时间}}{\text{致命故障总数}}$
与维修人力费用有关的参数	平均维修间隔时间（MTBM）$=\dfrac{\text{寿命单位总数}}{\text{（预防＋修复）维修总数}}$
与后勤保障费用有关的参数	平均更换间隔时间（MTBR）$=\dfrac{\text{寿命单位总数}}{\text{更换总数}}$

可靠性虽然是用概率描述的产品特性，但它是可以度量和控制的参数，必须作为硬指标在研制过程中予以保证。

1.2.2 进行可靠性计算

为落实可靠性指标，必须根据系统的方案，对可靠性指标进行逐级分配，建立系统各组成部分的可靠性目标。同时，要对各部分可能达到的可靠性水平进行预计。只有当预计的可靠性数值大于分配的可靠性数值时，才能确认设计是可接受的，否则，要改进设计直到满足要求为止。可靠性分配和预计是一个反复迭代的过程。

定量的可靠性分析、计算过程是在系统可靠性模型上进行的。所以，首先要根据系统的功能结构建立可靠性模型。可靠性模型包括系统的可靠性框图和由此推导出的一组数学表达式，可靠性框图必须包括系统中的所有单元。

可靠性分配是把可靠性指标按照规定的方法分摊给系统各个组成部分，从上至下逐级进行，直到最低的系统层次。

可靠性预计是利用以往的系统中元器件、零部件的失效率和产品的可靠性模型，估计系统可能达到的可靠性水平和揭示各组成部分可靠性的相对水平，为改进系统可靠性提供信息。

可靠性模型、可靠性分配和可靠性预计，随着研制过程的深入和设计的变化必须进行相应修改，以便和现实的系统状态保持一致。

1.2.3 制定可靠性设计准则

高可靠性的系统是通过最佳的设计和制造方法，以及严格的管理工作获得的。不同研制部门和人员的水平、经验都是不一样的，为防止设计和制造的随意性，更好地利用类似系统的研制经验，必须根据工程设计原理和以往的工程实践经验，结合所设计系统的特点，制定可靠性设计准则，以控制硬件、软件和人员因素对系统可靠性的影响，防止设计缺陷。常用的设计准则如：

1）系统架构简化准则；

2）元器件、零件选用准则；

3）电子元器件降额准则；

4）热设计准则；

5）电磁兼容性设计准则；

6）强度设计准则；

7）容错设计准则；

8）冗余设计准则。

1.2.4 进行可靠性分析

在产品设计过程中，要进行一系列可靠性分析，以便及时发现设计缺陷和产品的薄弱环节，为改进设计提供信息。通常进行的可靠性分析有：

1）FMECA；

2）零件、线路的容差分析；

3）潜在电路分析；

4）FTA；

5）应力-强度分析；

6）元器件应用及关键项目分析；

7）功能测试、贮存、装卸、包装和运输对可靠性的影响分析。

1.2.5 可靠性增长试验与环境应力筛选试验

产品的固有可靠性虽然主要取决于设计，但“智者千虑，必有一失”。设计的成熟往往要经过样机试验来暴露那些在纸面上分析、计算、评审难以发现的问题，用“试验-分析-改进”的程序来提高产品可靠性。产品研制过程就是一个不断改进设计与工艺，提高可靠性的过程。这里所介绍的主要指以下两类试验。

环境应力筛选试验是在环境应力作用下，为发现和排除不良零件、元器件、工艺缺陷和剔除早期失效所做的一系列试验。筛选应力一般选用随机振动和温度循环。筛选是一种非破坏性试验，对交付使用的产品要100％进行。

可靠性增长试验是为暴露产品的薄弱环节，并证明改进措施能防止薄弱环节再现而进行的一系列试验。一般用第一台工程样机进行试验，在模拟真实使用的综合环境应力作用下，以激发故障为目的来进行试验。对试验中暴露的问题和故障，应及时分析，并从设计上或工艺上采取措施，以彻底纠正。

环境应力筛选主要剔除的是早期偶然缺陷，是针对某台产品的缺陷采取纠正措施，以提高交付产品的可靠性水平；而可靠性增长试验主要是解决系统性的设计缺陷，纠正措施是在整批产品上实施，提高产品的固有可靠性水平。成功的可靠性增长试验可以代替可靠性鉴定试验。

1.2.6 可靠性验证与评估

通过设计、制造、试验过程中的一系列可靠性工作，产品可靠性水平是否达到了规定的可靠性要求，需要进行必要的试验进行验证和评估，以给出可信的保证。可靠性验证试验分为两类，即设计的可靠性鉴定试验和生产的可靠性验收试验。

设计的可靠性鉴定试验是为确定产品与合同要求的一致性，用有代表性的产品在规定条件下所做的试验，并以此作为批准定型的依据。

生产的可靠性验收试验是对交付的产品在规定条件下所做的试验，以确定产品是否符合设计的要求，考核工艺的稳定性。

可靠性验证试验是很花钱的，对复杂系统来说，系统级验证试验是不现实的，但必须对系统中可靠性关键项目进行必要的鉴定试验。对大系统可靠性的验证，一般是用分析验证的方法，即按规定完成一组可靠性分析和验证工作，包括利用系统可靠性模型进行可靠性计算。

可靠性保证是通过完成一组可靠性工程工作和可靠性管理工作实现的，可靠性保证要与安全性保证、维修性保证、质量保证及工程设计紧密结合，协调地进行。可靠性基本关系如图 1－5 所示。可靠性评价程序如图 1－6 所示，系统寿命周期内的可靠性活动如图1－7所示。

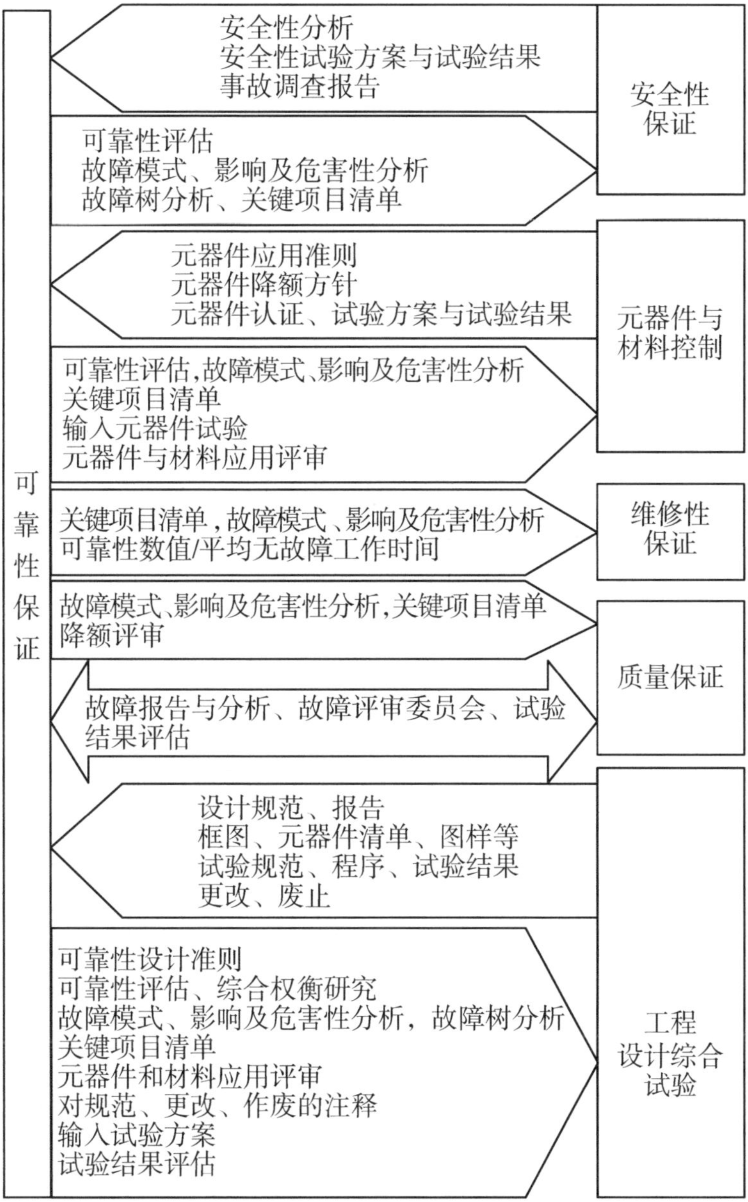

可靠性保证
安全性分析
安全性试验方案与试验结果
事故调查报告
安全性保证
可靠性评估
故障模式、影响及危害性分析
故障树分析、关键项目清单
元器件应用准则
元器件降额方针
元器件认证、试验方案与试验结果
元器件与材料控制
可靠性评估,故障模式、影响及危害性分析
关键项目清单
输入元器件试验
元器件与材料应用评审
关键项目清单,故障模式、影响及危害性分析
可靠性数值/平均无故障工作时间
维修性保证
故障模式、影响及危害性分析,关键项目清单
降额评审
质量保证
故障报告与分析、故障评审委员会、试验结果评估
设计规范、报告
框图、元器件清单、图样等
试验规范、程序、试验结果
更改、废止
可靠性设计准则
可靠性评估、综合权衡研究
故障模式、影响及危害性分析,故障树分析
关键项目清单
元器件和材料应用评审
对规范、更改、作废的注释
输入试验方案
试验结果评估
工程设计综合试验

图1-5 可靠性基本关系

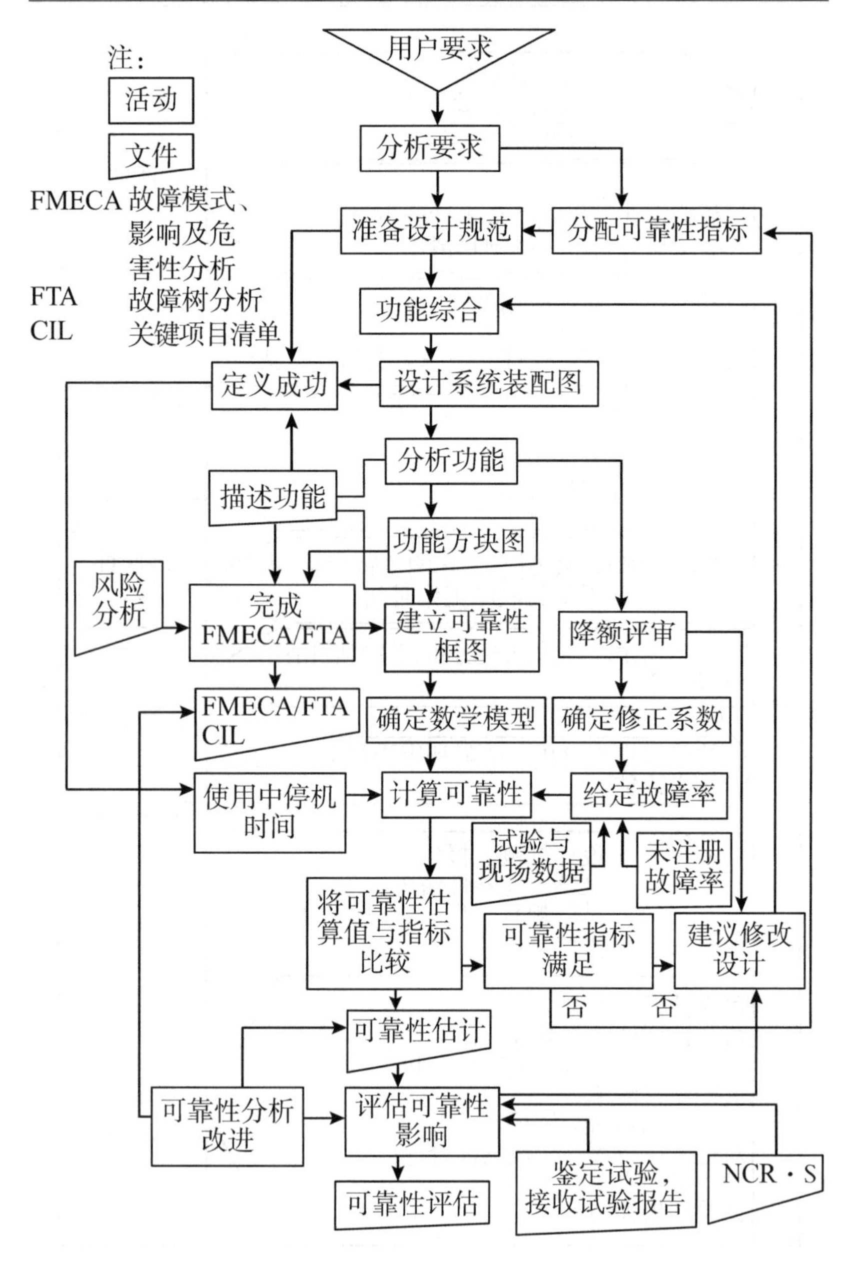
注：
活动
文件
FMECA 故障模式、影响及危害性分析
FTA 故障树分析
CIL 关键项目清单
用户要求
分析要求
准备设计规范
分配可靠性指标
功能综合
定义成功
设计系统装配图
分析功能
描述功能
功能方块图
风险分析
完成 FMECA/FTA
建立可靠性框图
降额评审
FMECA/FTA CIL
确定数学模型
确定修正系数
使用中停机时间
计算可靠性
给定故障率
试验与现场数据
未注册故障率
将可靠性估算值与指标比较
可靠性指标满足
建议修改设计
否
否
可靠性估计
可靠性分析改进
评估可靠性影响
可靠性评估
鉴定试验，接收试验报告
NCR · S

图 1-6　可靠性评价程序

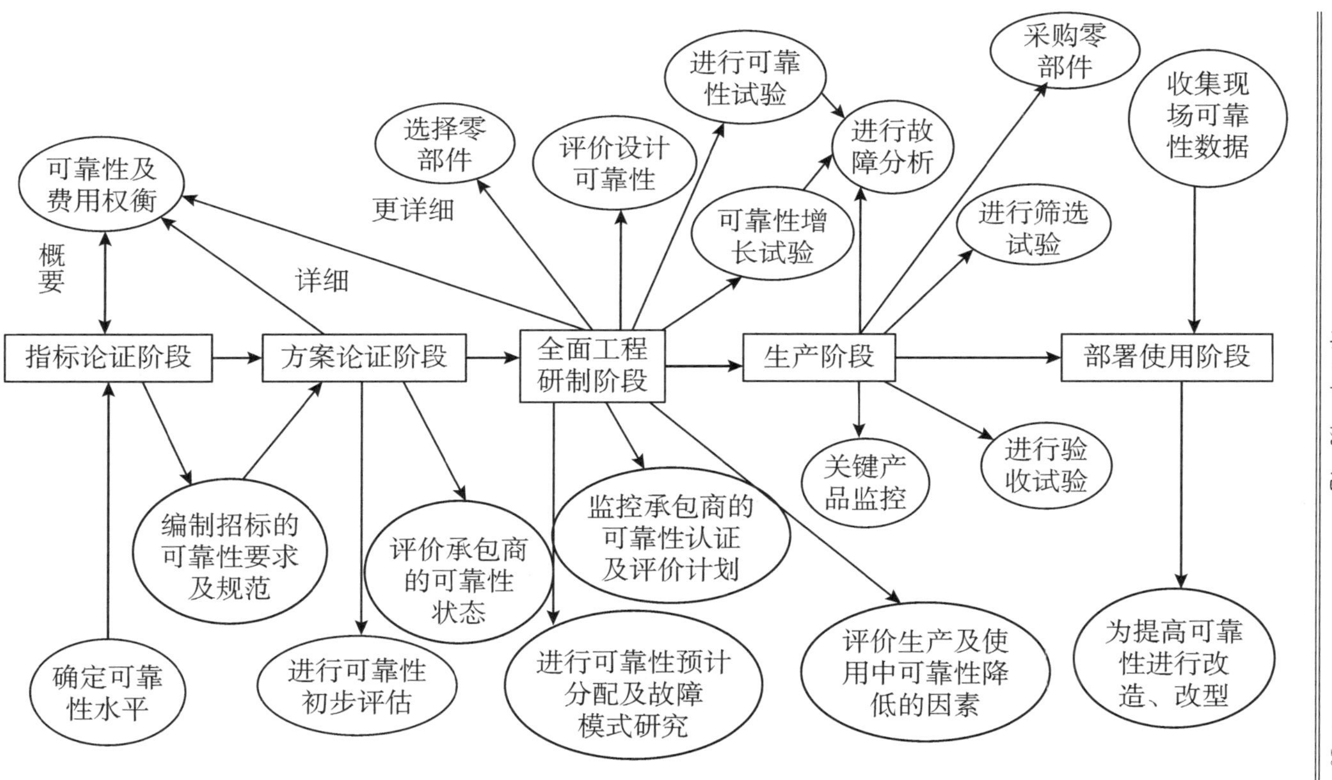

图1-7 系统寿命周期内的可靠性活动

1.3 可靠性管理

可靠性管理是从保证最经济地实现规定的系统可靠性要求出发，通过制定和实施一项科学的计划，去组织、控制和监督可靠性工作规范地进行，并取得期望的结果。可靠性工作与系统寿命周期中的大多数工作有关，重点是设计和试验活动，可靠性管理应在全面分析的基础上，抓住关键的少数。可靠性管理的困难在于要使所有参与工程研制工作的人员都能理解并按可靠性规范完成规定的工作。

实施可靠性管理需要建立一个完善的体系，包括一套科学的方法，一套先进的手段，一支精良的队伍。一个单位或一个型号，应建立一个合理化的权力与责任链，保证足够的投入，以使可靠性工作系统、协调、有效地运行。

可靠性管理主要包括5个工作项目。

1.3.1 可靠性工作计划

在研制工作开始时，根据工程可靠性要求和费用、进度的约束，选择和确定一组可靠性工作，细化每项工作的实施要求，安排工作流程，设立评审、监控点，形成切实可行的可靠性工作计划，并纳入整个型号的研制计划，保证必要的人力、资金和时间，明确各有关方面的关系，落实责任单位和责任人。

1.3.2 对承制方和供应方的监督与控制

主承制单位对工程的可靠性负全责。要保证全系统的可靠性，必须把系统可靠性要求和责任进行层层分解，落实到所有参与系统研制的承制方和供应方，并对他们实施监督和控制，以保证汇集来的分系统、单机和零部件等的可靠性达到规定的要求。

对承制方和供应方的监控，通过质量认证、合同中的可靠性条款、审批可靠性工作计划、参与产品设计评审、严格产品验收、建立可靠性状况报告制度等方法加以实施。

1.3.3 可靠性大纲评审

在型号研制的全过程设立若干检查、控制点，实行分阶段评审和审核，以保证可靠性工作能及时、规范地完成。可靠性大纲评审，包括对可靠性工作计划的检查和在初步设计评审与关键设计评审中审查可靠性进展情况和接近要求的程度。

1.3.4　FRACAS

在型号研制试验一开始，就要建立故障报告、故障分析和故障纠正的一整套严格的工作程序，以保证型号各个功能层次试验中发生的故障能及时报告和正确处理。对故障和故障处理实行集中统一管理，可以防止类似重复故障的发生，最经济地实现可靠性增长。一般由可靠性部门负责管理 FRACAS。

1.3.5　故障审查组织

为控制对重大故障的分析和处理工作的质量，保证型号研制试验中能对故障趋势进行定期分析，必须建立故障审查组织，赋予它一定责任，以监督 FRACAS 的有效运行。

可靠性工程和管理工作已有相关标准加以规范。一个型号在编制可靠性工作计划时，可按标准规定的内容，结合型号特点进行合理剪裁，同时也便于在项目招投标时很快地形成文件。

典型的可靠性大纲结构如图 1－8 所示。

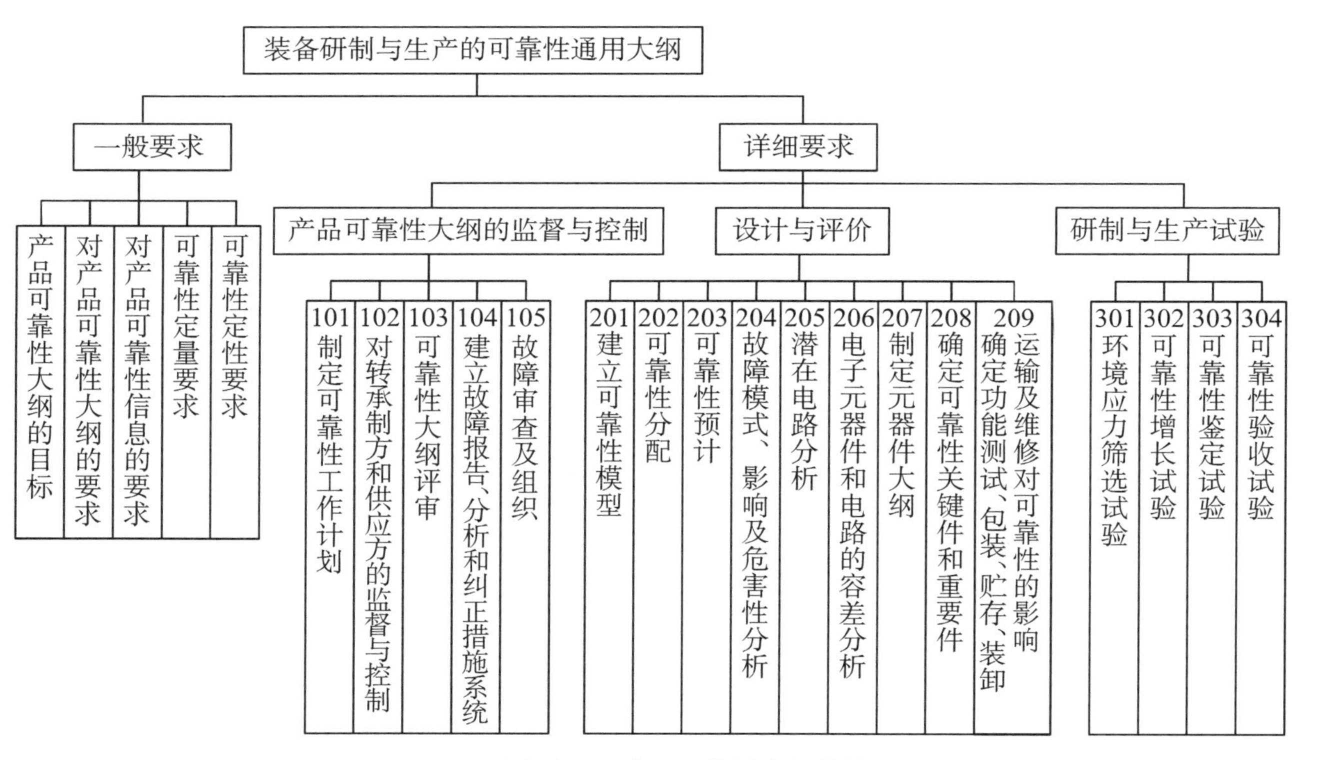

图1-8 典型可靠性大纲结构图

1.4 "三 F" 技术及其应用

1.4.1 什么是"三 F" 技术

"三 F" 即 FMECA、FTA 和 FRACAS，是可靠性工程中最基本、最有效和最重要的三种工具。在大型复杂系统研制过程中已被广泛采用，并已形成相应的标准。在航天工程研制中，已被规定为必须采用的方法。

对待"故障"的策略，首先是千方百计地预防；其次是控制故障发生的概率，使之低到可以接受的程度；再者，一旦系统发生故障，要能及时分析原因，有针对性地采取纠正措施，防止故障的再发生。"三 F" 技术是从工程实践中总结出来的、同"故障"作斗争的科学方法，是用于分析、监控和改进设计的有效工具。

"三 F" 技术对于航天系统的工程设计人员来说并不陌生，在型号研制过程中开展的"质量复查""事故预想""双想活动""设计评审""故障分析"等工作中，都不同程度地使用了类似"三 F" 的技术去研究、分析产品中可能存在的薄弱环节，审查对已发生故障的处理是否彻底。但在运用上不够系统，不够规范，有时甚至不够科学。

FMECA 是一种系统化的故障预想技术，它是运用归纳的方法系统地分析产品设计可能存在的每一种故障模式及其产生的后果和危害的程度，通过全面分析找出设计薄弱环节，实施重点改进和控制。系统可能出现故障这件事，要在设计方案构思开始就去全面地“想”，去深入地分析，不能等产品做出来后去复查，更不能等到了靶场才去“预想”。

FTA 是一种系统化的详细的故障调查方法，它运用演绎法寻找导致某种故障的各种可能原因，追溯原因的原因，直到最基本的原因，从而构造一个连接故障因果关系的逻辑结构图，即故障树。通过对故障逻辑关系的分析，找出导致故障发生的所有路径与关键路径，以便采取改进措施或控制方法。FTA 可以揭示一个系统不希望出现的状态，是针对某一特定的不希望事件或故障事件（又叫顶事件）自上而下逐步展开的。对应每一顶事件要建一棵故障树，每一棵故障树仅仅包括那些会导致顶事件的故障和故障组合。

FRACAS 是一种规范化的故障报告、分析和处理的管理技术系统。在系统发生故障之后，运用 FRACAS 对故障实施有计划、有组织、按程序的调查、证实、分析和纠正工作，保证故障原因分析的准确性和纠正措施的有效性，对故障实行闭环控制，彻底消除故障产生的原因，真正实现问题“归零”。对系统出现的故障不认真分析原因，只采取更换失效部件的简单应急处理，是造成故障重复发生的根源。

1.4.2 “三 F”之间的关系

FMECA、FTA、FRACAS 都是以“故障”作为工作

对象，运用分析的方法来获取决策信息，为分析设计、改进设计和增长系统的可靠性提供科学的依据。但它们采用的具体方法、应用范围又不完全相同，各有特色，相互关联又各有区别。“三 F”的比较如表 1－2 所示。

表 1－2 “三 F”比较

分析项目	FMECA	FTA	FRACAS
目的	分析设计识别缺陷	识别导致重要故障的路径	对故障实施闭环管理
对象	预想的所有可能的故障	预想的系统的某个重大事故	试验发生的特定故障
范围	硬件为主	硬件、软件、人因	硬件、软件、接口、人因
方法	归纳法填表	演绎法建树	失效分析、统计分析、故障模拟
输入	设计资料、经验数据	设计资料、经验数据	设计资料、系统运行情况、故障数据
输出	FMECA 报告、项目清单	故障树分析报告	故障分析报告、纠正措施建议
用途	保证固有可靠性，支持维修性，安全性分析和质量保证	保证安全性、可靠性，指导设计改进	实现可靠性增长
特点	全面分析普遍进行	重点分析	有针对性地分析
责任人	工程设计人员做，可靠性专业人员审查	工程设计人员与可靠性专业人员共同做	型号可靠性管理人员组织有关人员做

FMECA、FTA中的“F”是系统在未来工作中可能发生的“预想的故障”，运用以往工程经验，特别是积累的故障数据，在纸面上进行“举一反三”，目的是分析和完善设计，保证设计达到规定的设计目标。FMECA、FTA重在预防和控制故障，可以减轻FRACAS的“负担”。而FRACAS则是运用FTA、FMECA的方法和结果，及时、准确地查明故障原因和机理，目的是纠正系统中真实存在的缺陷，实现可靠性增长。由于FRACAS中的“F”是已发生的“现实故障”，查明了原因、后果和危害程度，就积累了完整的故障信息，可为新系统设计开展FMECA和FTA工作奠定基础，提供经验。

FMECA要研究系统中硬件所有可能的故障模式，并逐一分析其影响和危害度，而且要在设计的各个阶段反复进行，要分析系统中各个产品层次的故障，工作量较大。FTA只是对系统中若干不希望发生的事件进行重点分析，不仅可考虑硬件故障，也可考虑软件、人员因素及它们组合的故障。FTA应在FMECA的基础上进行。FRACAS针对已发生的特定故障进行分析，可以采用失效分析、统计分析和试验研究等多种方法。

1.4.3 航天系统“三F”技术的应用势在必行

“三F”既是三种有效的分析工具，又是三项重要的可靠性工作。早在20世纪60年代初就开始应用于航天领域。

在美国民兵导弹研制过程中，曾对发射控制系统的设计进行了 FTA；在弹载计算机的集成电路研制中，应用了 FMEA 和 FRACAS，有效地控制和减少了集成电路的失效模式。20 世纪 80 年代初，我国航天领域少数工程中开始部分采用“三 F”技术。

航天工程是一个高风险领域，故障造成的损失是巨大的。美国从 1957 年到 1983 年，发射各种运载火箭 895 次，失败 134 次；同期，苏联发射各种运载火箭 1 760 次，失败 179 次；法国阿里安火箭至 1994 年底已发射 70 次，失败 6 次。设计存在缺陷是造成发射失败的重要原因。1993 年，我国航天系统开展质量清理整顿，对地面试验中发生的问题进行了分类统计，直接由设计缺陷引起的约占 26%。在 1994 年出版的《航天故障启示录》中，由设计缺陷引发的故障占 57.8%。这些事实说明，减少故障损失，改进设计工作势在必行。普遍采用“三 F”技术，加强设计分析，及早发现和纠正设计缺陷是一项重要措施。一些型号的设计师在学习和运用“三 F”技术中，已开始尝到甜头。

“三 F”技术在航天工程中的重要作用：

1）可以改进设计过程，在早期设计阶段运用 FMECA 和 FTA，有利于及时发现和纠正设计缺陷，有利于实施重点控制；

2）可以杜绝重复故障，在各种试验中严格实施 FRACAS，有利于彻底查明原因，采取改进措施，防止类似故障再现；

3）实施“三 F”的过程，是积累和运用经验的过程，有利于提高设计水平和分析能力，增加设计工作的透明度和可控性；

4）有利于保证和提高产品可靠性，降低寿命周期费用。

“三F”在研制过程中所处的地位和作用如图1-9所示。

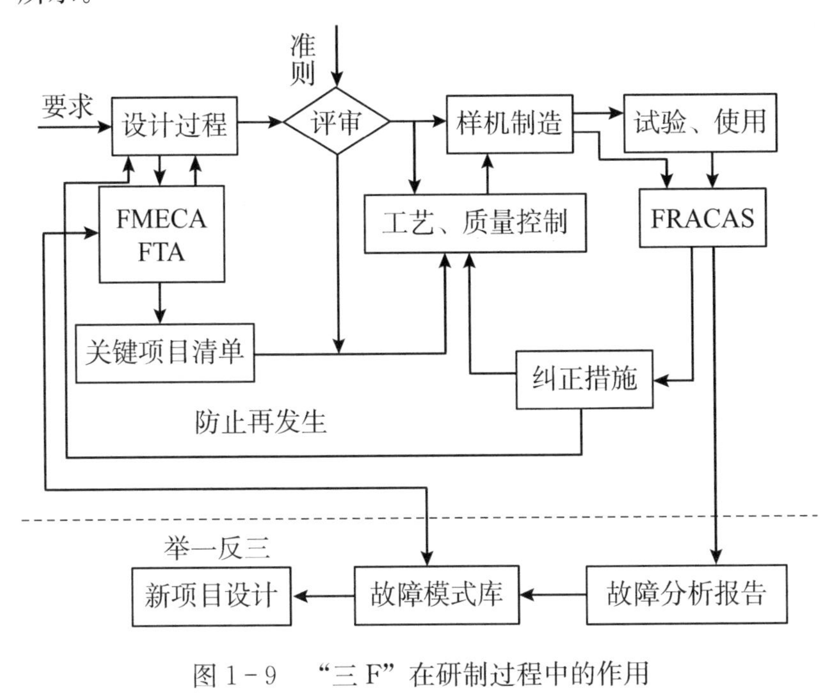

图1-9 “三F”在研制过程中的作用

思 考 题

1. 系统的性能、可靠性与系统效能之间的区别和联系是什么？

2. 一个系统累积工作100小时，发生致命故障20个，试问MTBCF等于多少？

3. 设系统硬件可靠性、软件可靠性、接口可靠性、人员操作可靠性均为 0.90 试问系统正常运行的概率是多少？

4. 你认为对保证系统可靠性来说，在设计中做哪些可靠性工作最有效？

5. FMECA、FTA、FRACAS 的特点是什么？它们之间有什么区别？

参 考 文 献

[1] 美国国防部．电子设备可靠性设计手册（第一卷），MIL－HDBK－338B. 曾天翔，等，译．北京：航空工业出版社，1987.

[2] 朱明让．质量与可靠性管理．北京：宇航出版社，1993.

[3] 朱明让，等．《装备研制与生产的可靠性通用大纲》实施指南．全国军事技术装备可靠性标准化技术委员会，1991.

[4] [美] 防务系统管理学院．系统工程管理指南．周宏佐，等，译．北京：国防工业出版社，1992.

[5] 美军可靠性、维修性与安全性标准指南．质量与可靠性编辑部，1991.

第 2 章　故障模式、影响及危害性分析技术

2.1　概述

故障模式、影响及危害性分析（Failure Mode，Effects and Criticality Analysis，FMECA）是从工程实践中总结出来的科学方法，是一项有效、经济且易掌握的分析技术。它广泛应用于可靠性工程、安全性工程和维修工程等领域。

早在 20 世纪 50 年代初期，美国 Grumman 公司第一次把 FMEA 用于战斗机操纵系统的设计分析，取得了良好的效果。以后这种技术在航空、航天工程及其他工程等方面得到广泛的应用，并有所发展。后来 FMECA 技术又形成标准，1974 年，美国发布了 MIL-STD-1629《故障模式、影响及危害性分析程序》，1985 年，IEC 发布了 IEC812《故障模式及影响分析（FMEA）程序》。我国也于 1987 年颁发了 GB7826《故障模式及影响分析（FMEA）程序》（2012 年修订为 GB/T 7826《系统可靠性分析技术——故障模式及

影响分析（FMEA）程序》）。1992 年颁发了 GJB 1391《故障模式、影响及危害性分析程序》（2006 年修订为 GJB/Z 1391）。1998 年制定了航天行业标准 QJ 3050，2011 年修订为 GJ 3050A《航天产品故障模式、影响与危害性分析指南》。

FMECA 是 GJB 450《装备研制与生产的可靠性通用大纲》、QJ 1408《航天器与导弹武器系统可靠性大纲》所规定的主要工作项目之一。在一些航天型号研制中，采用 FMECA 技术，取得了一定的成效。

2.1.1 基本概念

FMECA 涉及的一些基本概念，主要如下：

故障模式：故障表现的形式，如短路、开路、断裂、过度耗损等。

故障影响：故障模式对产品的使用、功能或状态所导致的结果（造成的改变）。故障影响一般分为局部的、高一层次的和最终影响三级。

故障分析：发生故障后，通过对产品及其结构、使用和技术分析等进行系统的研究，以鉴别故障模式、确定故障原因和失效机理的过程。

故障原因：直接导致故障或引起性能降低并进一步发展成故障的那些物理或化学过程、设计缺陷、工艺缺陷、零件使用不当或其他过程等因素。

故障（失效）机理：引起故障（失效）的物理、化学和生物等变化的内在原因。

FMEA：分析产品中每一个潜在的故障模式，确定其对产品所产生影响，并把每一个潜在的故障模式按它的严酷程度予以分类，是一种可靠性分析的重要定性分析方法。

严酷度：故障模式所产生的后果的严重程度。严酷度应考虑到故障造成的最坏的潜在后果，并应根据最终可能出现的人员伤亡、系统损失或经济损失的程度来确定。

危害性：对某种故障模式的后果及其发生概率的综合度量。

FMECA：同时考虑故障模式影响的严重程度与故障模式发生概率的分析。

2.1.2 FMECA 的目的与作用

FMECA 是要按规定的规则记录产品设计中所有可能的故障模式，分析每种故障模式对系统的工作及状态（包括战备状态、任务成功、维修保障、系统安全等）的影响并确定单点故障，将每种故障模式按其影响的严酷度及发生概率排序，从而发现设计中潜在薄弱环节，提出可能采取的预防改进措施（包括设计、工艺或管理），以消除或减少故障发生的可能性，保证产品的可靠性，其工作关系图如图 2-1 所示。

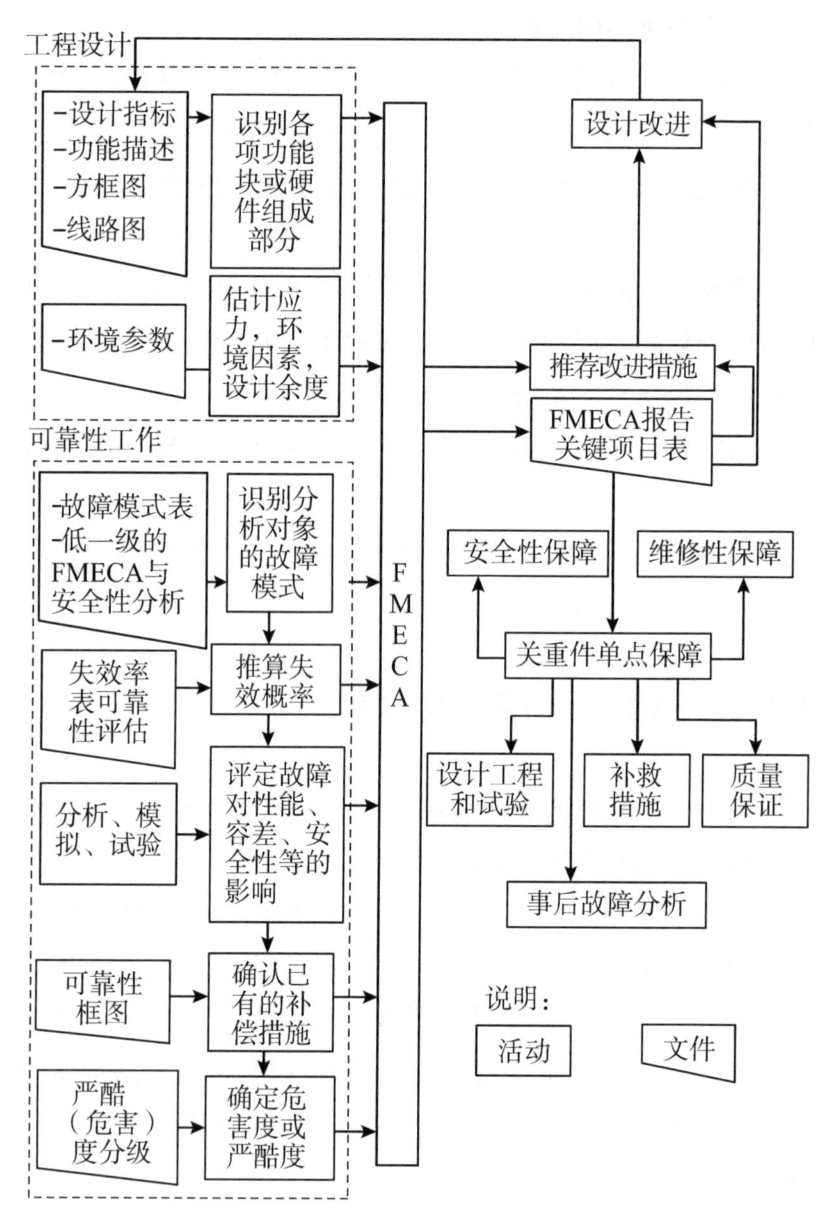

图 2-1　FMECA 工作关系图

FMECA 的作用是：

1）保证有组织地、系统地、全面地查明一切可能的故障模式及其影响，对它们采取适当的补救措施，或是确认其风险已低于可以接受的水平。

2）找出被分析对象的“单点故障”。所谓单点故障是指这种故障单独发生时，就会导致不可接受的或严重的后果。一般说来，如果单点故障出现概率不是极低的话，则应在设计、工艺、管理等方面采取切实有效的措施。产品发生单点故障的方式就是产品的单点故障模式。

3）为制定关键项目清单或关键项目可靠性控制计划提供依据。

4）为可靠性建模、设计、评定提供信息。

5）揭示安全性薄弱环节，为安全性设计（特别是如载人飞船的应急措施、火箭地面爆炸防护措施）提供依据。

6）为制定试验大纲提供信息，以便试验前做好充分检测，尽可能达到试验预定目的。

7）确定需要及时更换的有限寿命的零部件、元器件的清单，以提供使用可靠性（包括贮存可靠性）设计的信息。

8）为确定需要重点控制的质量及生产工艺（包括采购、检验）的薄弱环节清单提供信息。

9）为确定维修方案、机内测试（BIT）、测点设计、编写维修指南、维修保障设计提供信息。

10）为设计故障诊断、隔离及结构重组等提供信息。

11）作为使可靠性指标符合要求的一种反复迭代的设计手段。

12）及早发现设计、工艺中的各种缺陷，以便提出改进措施。

2.1.3　FMECA 的分析对象

FMECA 的对象包括研制任务书或合同内规定的项目，也包括由承制方承担供应的外协设备、外协件。

FMECA 的对象除了电子、电气、机械、热、机电、液压、气动、光学、结构、动力系统及火工品等硬件及产品的组成功能外，还应该考虑试验设备、试验方法、工艺技术和软件。某些情况下，人也是 FMECA 的分析对象（研究人的操作差错、操作顺序错误等的影响）。

要对产品任务周期内的所有任务阶段进行 FMECA，例如卫星的任务周期：发射准备、发射、轨道转移、入轨、轨道运行、变轨、再入等任务阶段。

要对产品的所有工作模式进行 FMECA，例如工作状态下产品的 FMECA，不工作状态下产品的 FMECA 等。

凡设计、工艺、质量控制方法、包装、贮运或其他工作有更改或变动时，应同时采用 FMECA 方法，分析这些更改或变动对产品特别是对关键件、重要件工作或状态的影响。

当分析过程中发现新的故障模式时，应及时补充进行 FMECA，以查明其对产品的影响。

2.1.4 FMECA 计划

FMECA 是必须进行的可靠性工作项目。承制方必须把 FMECA 列入可靠性大纲内，并以“FMECA 计划”的书面形式规定承制方为完成 FMECA 所要进行的工作。

该计划要求在产品研制过程中，尽早开始，并不断反复迭代进行 FMECA，以其结果为改进设计提供依据，它包括：

1）不同阶段的 FMECA 要求；

2）确定 FMECA 的分析方法；

3）FMECA 表格式样；

4）确定 FMECA 的最低约定层次（也可由合同规定）；

5）规定引用的编码体系（如果用计算机辅助分析时）；

6）故障判据（在技术规范或可靠性大纲中规定）；

7）与其他工作计划的配合。由于 FMECA 需要利用其他工作项目的某些结果，其他工作项目也要利用 FMECA 的结果，因此需要在进度、内容、计划上互相协调、配合。

FMECA 由型号设计人员在经过培训合格后进行，必要时可靠性专业人员应予以配合，协助共同完成。

2.1.5 FMECA 的输入

进行 FMECA 需要输入一些信息，主要有：

（1）设计任务书（或技术规范）

设计任务书包括设计产品的技术指标要求，执行的功能，产品工作的任务剖面，寿命剖面及环境条件，试验（包括可靠性试验）要求，使用要求，故障准则和其他约束条件等。

（2）设计方案论证报告

设计方案论证报告通常说明了对各种设计方案的比较及与之相应的工作限制，它们有助于确定可能的故障模式及其原因。

（3）被分析的对象在所处的系统内的作用与要求的信息

被分析的对象在所处的系统内的作用与要求的信息包括所处系统诸组成单元的功能、性能的要求及容许限，诸组成单元间的接口关系及要求，被分析对象在所处系统内的作用、地位（例如，可靠性关键件与冗余中的冷贮备的地位、作用就不同）。

（4）有关的设计图样

有关的设计图样包括在研制初期的工作原理图和功能方框图（例如某些功能是按顺序执行的，则应有详细的时间——功能方框图），据此可以进行功能法的 FMECA，其后的详细设计图样则为进行硬件法的 FMECA 提供基础。

这里的图样包括被分析对象的图样，所在分系统、系统的必要图样，特别是直接有接口联系的单元的图样。

（5）被分析对象及所处系统、分系统在启动、运行、操作、维修中的功能、性能、可靠性信息

这些信息包括不同任务的任务时间（如果任务还划分

为若干任务阶段，则应列出各任务阶段的时间）；测试、监控的时间周期；预防维修的规定，修复性维修的资源（设备、人员、维修时间、备件等）；对可能出现严酷度高的等级的后果，特别是属于安全性事故时，能采取应急补救措施（包括及时逃逸）的时间；完成不同任务在不同任务阶段的正确操作序列，已有防止错误操作的措施等。

（6）可靠性数据及故障案例

可靠性数据应采用标准数据（GJB/Z—299A《电子设备可靠性预计手册》）或通过试验及现场使用的统计数据，并经过一定级别的批准手续。

以前型号的故障案例，对FMECA工作是非常有用的，因此应当积累，建立故障模式库，以供分析时使用。

随着型号研制的展开，上述信息也在发展、修改，因此FMECA要随之进行深化、修改。

2.2　FMECA的类型

FMECA由两部分工作组成，即

1）FMEA；

2）危害性分析（CA）。

通常可以只进行FMEA。在有条件的情况下，在完成FMEA后，再进行CA工作。

FMECA根据被分析的对象特点，可以分成下述几类。

2.2.1 硬件的 FMECA

硬件 FMECA 是用表格列出各独立的硬件产品，分析它们可能发生的故障模式及其对系统工作的影响。当设计工作已完成设计图样和元器件或零组件配套明细表、其他的工程设计资料也已确定时，可采用硬件 FMECA。它适合于从下面层次（例如零件级）向上面层次进行分析，但也可以从任一层次向上或向下进行。

2.2.2 功能的 FMECA

功能 FMECA 是以系统的功能块输出的故障模式及其影响为基础的分析方法。功能块输出的故障模式可能是由功能块输入的故障模式或功能块本身所引起的。在研制的初期，实现诸功能块的硬、软件的设计图样、装配图等尚未完成，硬件不能确切确定时，可采用功能 FMECA。它适合于从上面层次向下面层次进行分析，但也可以从任一层次向上或向下进行。这种方法比较粗糙，有可能会忽略某些故障模式。

2.2.3 工艺的 FMECA

工艺 FMECA 是对工艺设计（或生产过程）文件，例如印刷电路板设计图、布线图、接插件锁紧等进行分析，以识别在生产过程中人、机、料、法、环各个环节是否会引入新的故障模式，因而影响设计方案的实现，影响产品的可靠工作。根据分析的结果，提出改进措施。

2.2.4　接口的 FMECA

接口 FMECA 是对系统各硬件的接口、对任务成功有影响的软件接口进行的分析，以识别系统的一个组成部分或中间连接件（如电路，液、气、管路等）或接插件插针等的故障模式，是否会引起系统的其他组成部分的热、电、压力或机械的损坏和性能的退化。

2.2.5　集成电路的 FMECA

大规模集成电路（LSIC）、超大规模集成电路（VLSIC）、超高速集成电路（VHSIC）等本身实质上是一台设备，因此要对其进行硬件 FMECA，重点是对混合电路、专用电路和在类似条件下未用过的电路进行分析。

在具体工作中采用上述哪一种分析方法，取决于任务要求、产品的复杂程度及可利用的信息量。对于复杂系统，可以考虑综合采用几种方法。例如，电源是功能块也是硬件。又如，分析电源，若把它作为硬件，则其故障模式是硬件故障模式；若把它视作功能块，则分析其故障模式对上一层次功能块有什么影响。这样做就是硬件法与功能法的综合分析方法。

2.3 FMEA 及其工作程序

FMEA 是分析产品每一个可能的故障模式对系统工作的影响，并将每一故障模式按其严酷度分类。FMEA 的基本方法是利用 FMEA 分析表格进行工作。FMEA 的工作程序如下。

2.3.1 定义产品

进行 FMEA 的第一步是对被分析的产品下定义，它包括对产品的每项任务、每个任务阶段，以及各种工作方式给出的其主要与次要的功能、故障判据、环境条件及约束条件等。定义产品主要有以下几方面：

（1）定义产品的功能要求

定义产品及组成部分（到需要分析的层次）的功能要求。当某一种功能可以用不止一种方法来完成时，应列出可以完成功能的主要及替代的方法，例如飞船有自动控制的逃逸救生功能，还有作为替代的人工控制逃逸救生功能。功能要求应以功能输出清单形式表达，并给出正确输出的容许限。

（2）定义环境剖面

应规定每一任务和任务阶段所预期的环境条件。如果产品不只在一种环境条件下工作，应对每种不同的环境剖面加以规定。例如，运载火箭完成一次任务的准备、发射、轨道飞行、再入等不同任务阶段，应规定相应阶段的环境剖面。

（3）确定任务时间

为了确定任务时间，应对产品的功能—时间要求作定量说明。对在任务的不同阶段中以不同工作方式工作的产品，以及只有在要求时才执行功能的产品要详细说明功能—时间关系。

2.3.2　建立方框图

方框图用来描述产品各功能单元的工作情况、相互影响及相互依赖的关系，以便可以逐层分析故障模式产生的影响。这些方框图应标明产品的所有输入及输出。每一方框应有统一的标号，以反映系统功能的分级顺序。对于替换的工作方式，一般需要一个以上的方框图表示。方框图包括功能方框图及可靠性方框图。

2.3.3　确定产品进行 FMEA 的最低约定层次

根据分析的需要，按产品的相对复杂程度或功能关系进行产品层次的划分。一般情况下，一个复杂产品的FMEA 不一定要做到元器件、零件级的最低层次。最低约定层次应由合同规定。如无其他规定，可按下述原则规定最低层次：

1）能导致灾难的（Ⅰ类）或致命的（Ⅱ类）故障的产品所在的产品层次；

2）规定或预期需要维修的最低产品层次，虽这些产品的故障可能只导致临界的（Ⅲ类）或轻度（Ⅳ类）的影响；

3）为保证每一个保障分析对象有完整输入而在保障分析对象清单中规定的最低层次。它可以是替换单元，如计算机的插件板。

2.3.4 选择并填写 FMEA 表格

进行 FMEA 的典型做法是用统一规定的 FMEA 表格逐步分析及填写，GJB 1391 推荐的 FMEA 表格见表 2-1，可根据需要增补或删减一些内容。每一栏填写内容如下。

第一栏：代码。即被分析的产品或产品组成部分（硬件、产品功能或功能块）的代码，它应与方框图中的编码号统一。

第二栏：产品或功能标志。记录被分析产品或系统功能的名称。原理图中的符号或设计图纸的图代号可作为产品或功能的标志。

第三栏：功能。即产品或其组成部分（硬件、功能或功能块）要完成的功能的具体内容。应注意特别要包括与其接口设备的相互关系。接口设备是被分析对象正常完成任务所必需的，但不属于被分析的产品，并都与被分析产品有共同界面或为其服务的系统。如供电、冷却、加热、通风系统或输入信号系统。这历来都是易于被忽略、从而易于疏漏出问题的部分。

表 2－1　FMEA 分析表

初始约定层次　　任　务　　审核　　第　页共　页

约定层次　　分析人员　　批准　　填表日期

代码	产品或功能标志	功能	故障模式	故障原因	任务阶段与工作方式	故障影响			故障检测方法	补偿措施	严酷度类别	备注
						局部影响	高一层次影响	最终影响				

第四栏：故障模式。确定并说明各产品约定层次的所有可预测的故障模式，并通过分析相应方框图中给定的功能输出来确定潜在的故障模式。应根据系统定义中的功能描述及故障判据中规定的要求，假设出各产品功能的故障模式。为了确保全面分析，至少应就下述典型的故障状态对每一故障模式和输出功能进行分析研究：

1）提前工作；

2）在规定的应工作时刻不工作；

3）间歇工作；

4）在规定的不应工作时刻工作；

5）工作中输出消失或故障；

6）输出或工作能力下降；

7）在系统特性及工作要求或限制条件方面的其他故障状态。

已有一些标准、手册等资料汇集了通用的元器件、零部件的故障模式，可供使用。主要有：

1）GJB/Z—299C《电子设备可靠性预计手册》，包括有国产电子元器件的工作状态故障模式及其出现频率。

2）MIL—HDBK—338B《电子设备可靠性设计手册》，包括有国外电子元器件工作状态故障模式及其出现频率。

3）美国 RADC《非电产品可靠性手册》（1992 年），包括有非电子产品的故障模式及故障率。

4）GB 7826—87（IEC 812—1985P）《故障模式及影响分析（FMEA）程序》，提供了各种故障模式。

对于新的元器件、零部件还没有积累数据时，可参照类似工艺、结构、功能的老产品的数据，同时要充分利用本单位在研制、生产、使用中所积累的故障模式数据。

第五栏：故障原因。鉴别并说明与所假设的故障模式有关的可能故障原因，这既包括直接导致故障或引起组成部分质量退化并进一步发展成为故障的那些物理、化学或生物过程，设计缺陷，使用不可靠或其他原因；也包括来自低一层次（硬件或功能块）的故障影响，即低一层次组成部分（硬件或功能块）的故障输出可能是本层次组成部分（硬件或功能块）的故障原因。

在分析故障原因时，要注意共模（因）故障。所谓共模（因）故障是两个或多个组件由于同一故障模式或同一故障原因引起的故障模式（不包括由于独立失效引起的从属失效），例如几个组件共用同一个电源供电，则电源无输出就出现共模（因）故障。

共模（因）故障大体上有如下几类：

1）环境影响（正常的、不正常的和偶然性的）；

2）设计缺陷；

3）工艺、生产缺陷；

4）组装、测试差错；

5）人为差错（操作差错、维修差错，有时还有管理差错，例如发错料）。

存在共模（因）故障往往会降低有关组成部分的系统可靠性。因此在 FMEA 中，要注意共模（因）故障，依靠简单冗余不一定能解决好这一问题。有时候要采取不同构成的冗余（冗余组成部分在实现同一功能时可能采取不同手段）、分隔、重组等技术。

第六栏：任务阶段与工作方式。它要说明产品是在什么时间及什么条件下出现的故障。对于不复杂的产品，这栏可以合并在故障模式栏中予以说明，不一定另立一栏。

第七栏：故障影响。指每个假设故障模式对产品使用、功能或状态所导致的后果（造成的改变）。它包括任务目标、维修要求、人员及产品的安全。对这些后果进行评价，并记入表格中。评价内容包括：

1）每一故障模式的局部影响，即对当前所分析的约定层次组成部分的影响，其目的在于对可选择的预防措施及改进建议提供依据（在某些情况下，局部影响可能仅限于故障模式自身）。

2）对高一层次产品的影响。

3）最终影响，即对最高约定层次产品的影响。必须指出，在某些情况下，产品的两个或两个以上的组成部分同时出故障时，可能出现严重后果。对这些由多个故障模式同时出现引起的严重的最终影响，应予以分析、评价、记录。例如，一个由两路冗余构成的气动系统，如果一路的能源有故障无输出，而另一路的气管道漏气，则这种冗余的气动系统就会出故障。这种分析有时极为关键。

第八栏：故障检测方法。说明操作人员或维修人员用来检测故障模式发生的方法。例如，目视观察有什么症状？自动监视设备、仪器显示什么信息？用什么样的检测设备去测试，哪些参数会超越容许限？如果没有故障模式的检测方法，亦必须记明。难以观测是一个大问题，可能要采取补救措施，如改进测试性设计等。

故障检测方法要考虑：有时产品几个组成部分的不同故障模式可能出现相同的表现形式，此时应如何检测才能分辨出现了哪一种故障模式，这对故障诊断及隔离是很重要的。为此，有时要增加若干必要的检测点。

冗余系统的一个组成部分出故障不影响冗余系统工作，因此冗余系统全局并不显示出故障的征兆，但是，冗余系统的可靠性已大大下降。例如，一个两路冗余系统的一路出了故障，则冗余系统成为单点故障单元，其风险大大增加了。从可靠性出发，有时必须及时对冗余系统的组成部分分别进行故障检测和及时维修，以维持冗余系统的高可靠性。

第九栏：补偿措施。对故障模式的相对重要性予以排队，对于某些相对来说重要的故障模式要采取减轻或消除其不良影响的预防补救措施。这些补救措施可以是设计上的补偿，也可以是操作人员的应急补救措施。对于设计补偿措施，包括：

1）在发生故障情况下能继续安全工作的冗余系统；

2）安全或保险装置，如能有效工作或控制系统不致发生损坏的监控及报警装置。

3）替换工作方式，如备用或辅助设备。

必须指出，某些补救措施是要由人来介入的。因此，如何补救出现的故障模式应事先妥善研究，并列入操作规范。例如，如果有可能导致爆炸，并产生毒气，则应将爆炸可能影响到的人员应急撤退通道（安全门、安全出口、安全撤退路径等）事先安排，为人员熟悉，以便在规定的极短时间内有序地撤出现场。

故障监控及指示设备出现的故障模式也可能导致报警，必须分析：操作人员把虚警当成实警采取的补救措施会带来什么不良后果？

第十栏：严酷度类别。根据故障影响确定每一故障模式及产品的严酷度类别。表2-2为可采用的严酷度分类表。

表 2－2　严酷度分类

类别	说明
Ⅰ类（灾难性的）	导致弹、星、箭、（飞）船、（飞行）器毁人亡的灾难性故障
Ⅱ类（致命的）	导致人员严重伤害，系统功能严重丧失，任务失败的严重（或关键性）故障
Ⅲ类（临界的）	导致人员轻度伤害，系统功能轻度丧失，任务推迟的临界（或一般）故障
Ⅳ类（轻度的）	不足以导致人员伤害和系统功能丧失，但会导致导弹系统性能降低而需进行非计划维修的轻度（或轻微）故障

第十一栏：备注。备注可以包括如下内容。

1）改进建议（包括设计、工艺生产、管理等）。

2）异常状态的说明。

3）冗余组成部分出故障的影响。

2.4　危害性分析（CA）及其工作程序

2.4.1　危害性分析的目的

FMEA 比较简单，但它只能分析故障模式所产生的后果的严重程度，不能分析该故障模式发生概率的影响。事实上，故障模式对产品的影响取决于上述两个因素的综合。例如，一种故障模式对产品影响的严酷度虽然并不很高，但它发生的概率却很高。那么，这种故障模式对产品的影响不能忽略，此时，我们可以讲其危害性相对较高。

危害性分析则是综合考虑每一个故障模式的严酷度类别及故障模式发生概率所产生的影响，并对其分类的分析方法，以便全面地评价各种可能出现的故障模式的影响。危害性分析是对 FMEA 的补充和扩展。如果没有进行 FMEA，则不能进行危害性分析。

2.4.2 危害性分析的方法

危害性分析有定性分析和定量分析两种方法。在使用时选用哪种方法，取决于获得数据的多少。

（1）定性危害性分析方法

定性危害性分析是按故障模式发生的概率来评价 FMEA 中确定的故障模式的方法。此时，须将各种故障模式发生概率按一定的规定分成不同的等级。GJB 1391《故障模式、影响及危害性分析程序》把故障模式的发生概率等级分为五级：

1）A 级（经常发生）——在产品工作期间内某一故障模式的发生概率大于或等于产品在该期间内总的故障概率的 20%。

2）B 级（有时发生）——在产品工作期间内某一故障模式的发生概率大于或等于产品在该期间内总的故障概率

的10%，但小于20%。

3）C级（偶然发生）——在产品工作期间内某一故障模式的发生概率大于或等于产品在该期间内总的故障概率的1%，但小于10%。

4）D级（很少发生）——在产品工作期间内某一故障模式的发生概率大于或等于产品在该期间内总的故障概率的0.1%，但小于1%。

5）E级（极少发生）——在产品工作期间内某一故障模式的发生概率小于产品在工作期内总的故障概率的0.1%。

通常用危害性矩阵图来确定并比较每一故障模式的危害程度，进而确定改进措施的先后顺序。危害性矩阵如图2-2所示，它以严酷度类别为横坐标，相应的各故障模式的发生概率等级为纵坐标，把某一故障模式的发生概率等级

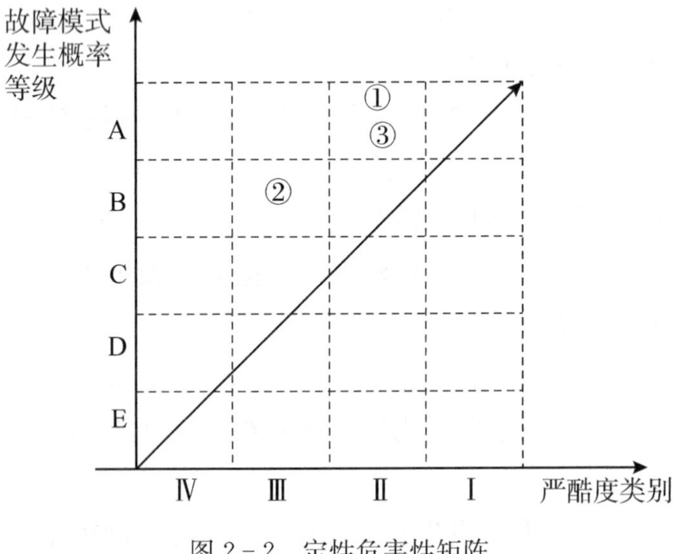

图2-2 定性危害性矩阵

及严酷度类别表示于图内，从而判断其危害性。例如，图2-2中第1、3种故障模式的发生概率等级为A级，严酷度为Ⅱ类，而第2种故障模式的发生概率为B级，严酷度为Ⅲ类。由图可比较这三种故障模式的危害性。

当缺少产品的技术状态数据或故障率数据时，可采用定性危害性分析方法。随着设计的成熟，某一故障模式发生概率会出现变化。因此，随着产品研制的进展要随时更正CA分析的结果。

由于故障模式发生概率与其故障率有关，而定性危害性分析未考虑故障率，因此它是一种粗略的分析方法。

（2）定量危害性分析方法

当元器件、零组件已明确，故障率数据有效时，就可以采用定量危害性分析法。

某一产品，其第i个故障模式，若在某一任务阶段，对应于指定的严酷度类别，其危害度可定义为

$$C_{mi}=\lambda_p\alpha_i\beta_i t_i$$

式中　C_{mi}——第i个故障模式的危害度；

λ_p——该产品在该任务阶段的故障率；

α_i——第i个故障模式的频数比；

β_i——第i个故障模式的故障影响概率；

t_i——该产品在该任务阶段的工作时间。

当该产品有n个故障模式时，对应于指定的严酷度类别，所有故障模式的总的危害度为

$$C_r=\sum_{i=1}^{n}C_{mi}=\sum_{i=1}^{n}\lambda_p\alpha_i\beta_i t_i$$

这样对应一个严酷度类别有一个总的危害度。

由于系统的零部件在任务期间有不同的工作模式，因此 λ_p、α、β、t 要考虑不同工作模式带来的变异。

λ_p 值可通过可靠性设计得到。对于电子元器件可从 GJB 299 或 MIL—STD—217F 查得或计算得到。

α 值表示产品第 i 个故障模式的发生概率占其全部故障模式概率的比例。

例如，鼓风机的故障中：

故障模式为绕组失效占 35％；

故障模式为轴承失效占 50％；

……

则绕组失效这一故障模式在鼓风机中 $\alpha=35\%$，显然，产品所有故障模式的 α 值之和为 1。通常，α 值可以从失效率手册（如 GJB 299，MIL—STD—217 等）查到，也可以通过试验或现场使用统计数据得到。如果没有可利用的数据，则根据经验来判断。

β 值表示第 i 个故障模式的发生导致某一严酷度类别的后果出现的条件概率，反映故障产生影响的可能性。推荐的 β 值见表 2－3。在使用时按经验来选取。

表 2－3　故障影响的 β 值

条件概率	说明
$\beta=1$	必然导致某一严酷度类别的后果出现
$0.1<\beta\leqslant 1$	很可能导致某一严酷度类别的后果出现
$0<\beta\leqslant 0.1$	有可能导致某一严酷度类别的后果出现
$\beta=0$	不导致某一严酷度类别的后果出现

定量危害性分析同样可用危害性矩阵图来确定并比较每一故障模式的危害程度。此时，危害性矩阵的纵坐标为 C_r。

现举例说明：设某产品有三个故障模式 1、2、3。产品的工作故障率为 $\lambda_p \times 10^{-6}/h$，若三个故障模式的 α 分别为

$$\alpha_1 = 30\%$$

$$\alpha_2 = 19\%$$

$$\alpha_3 = 50\%$$

第 1、2 个故障模式的出现会导致严酷度为Ⅱ类的后果，相应的条件概率均是 $\beta=1$；第 3 个故障模式的出现会导致严酷度为Ⅲ类的后果，其条件概率 $\beta=1$。任务工作时间 $t=1$ h，则可以计算危害度

$$C_{m1} = \lambda_p \alpha_1 \beta_1 t_1 = 0.1 \times 10^{-6} \times 0.3 \times 1 \times 1 = 3 \times 10^{-8}$$

$$C_{m2} = \lambda_p \alpha_2 \beta_2 t_2 = 0.1 \times 10^{-6} \times 0.19 \times 1 \times 1 = 1.9 \times 10^{-8}$$

$$C_{m3} = \lambda_p \alpha_3 \beta_3 t_3 = 0.1 \times 10^{-6} \times 0.5 \times 1 \times 1 = 5 \times 10^{-8}$$

对严酷度为Ⅱ类而言，是第 1、2 个故障模式有影响。因此，其总的危害度为

$$C_r = C_{m1} + C_{m2} = 3 \times 10^{-8} + 1.9 \times 10^{-8} = 4.9 \times 10^{-8}$$

对严酷度为Ⅲ类而言，只有第 3 个故障模式有影响。因此，其总的危害度为

$$C_r = C_{m3} = 5 \times 10^{-8}$$

图 2－3 表示了该例的危害性矩阵。

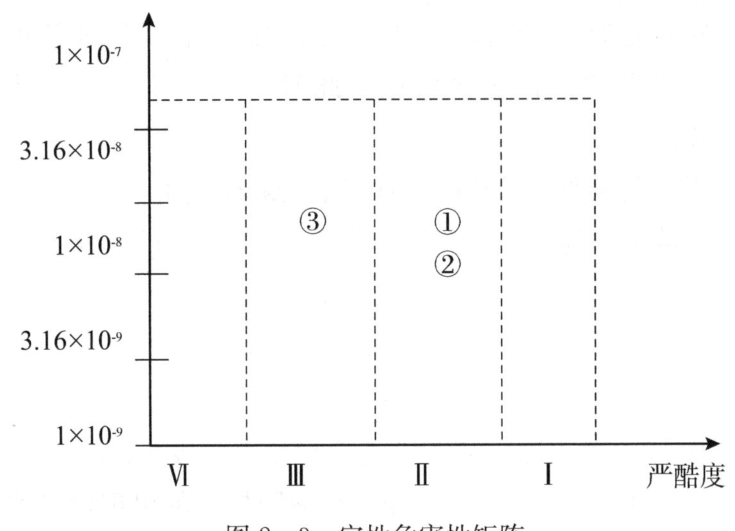

图 2-3　定性危害性矩阵

2.4.3　危害性分析的工作程序

危害性分析工作是在 FMEA 的基础上进行的填写危害性分析表格和绘制危害性矩阵两部分工作。

（1）填写危害性分析表格

危害性分析主要工作是填写危害性分析表格，GJB 1391 提供了危害性分析的推荐性表格（见表 2-4）。此表是 FMEA 表格的扩充，因此，也可叫它 FMECA 分析表。表中各栏填写内容如下。

第一至第七栏：诸栏内容与 FMEA 表格中对应栏的内容相同，因此可以按 FMEA 表格填写的方法填写。

表 2-4　危害性分析表

初始约定层次　　任　　务　　审核　　第　页共　页

约定层次　　分析人员　　批准　　填表日期

代码	产品或功能标志	功能	故障模式	故障原因	任务阶段与工作方式	严酷度类别	故障概率或故障率数据源	故障率 λ_p	故障模式频数比 α_i	故障影响概率 β_i	工作时间 t_i	故障模式危害度 C_{mi}	产品危害度 $C_r=\sum C_{mi}$	备注

第八栏：故障概率或故障率数据源。在进行定性分析时，即以故障模式发生概率来评价故障模式时，应列出故障模式发生概率的等级；如果使用故障率数据来计算危害度，则应列出计算时所用故障率数据的来源（如 GJB 299 或 MIL—HDBK—217 等）。

第九栏：故障率 λ_p。按 2.4.2 节说明填写。

第十栏：故障模式频数比 α_i。按 2.4.2 节说明填写。

第十一栏：故障影响概率 β_i。按 2.4.2 节说明填写。

第十二栏：工作时间 t_i。记录任务阶段内的工作时间。

第十三栏：故障模式危害度 C_{mi}。计算在给定严酷度类别和任务阶段内第 i 个故障模式的危害度。

第十四栏：产品危害度 C_r。计算在给定严酷度类别和任务阶段内，各故障模式危害度的总和。

第十五栏：备注。该栏记入与各栏有关补充说明、有关改进产品质量与可靠性的建议等。

表 2－5 为某产品工艺 FMECA 分析表示例。

（2）绘制危害性矩阵

将产品或故障模式编码按其严酷度类别及故障模式发生概率，或产品危害度标在矩阵的相应位置（见图 2－4），这样可在矩阵图上表明产品各故障模式危害度的分布情况。所记录的故障模式分布点沿对角线方向距离原点越远，其危害性越大，越需要尽快采取改进措施。绘制好的危害性矩阵图应作为 FMECA 报告的一部分。

表 2-5　危害性分析表（例）

工艺 FMECA

初始约定层次　元器件　任务号 310-81　审核　李栋　第 1 页共 12 页

约定层次　控制系统　分析人员　陈虹　批准　王海　填表日期 1993/3/22

<table>
<tr><th>序号</th><th>代码</th><th>产品或功能标志</th><th>功能</th><th>故障模式</th><th>故障原因</th><th>任务阶段与工作方式</th><th>严酷度类别</th><th>故障率 λ_p</th><th>故障模式频数比 α_i</th><th>故障影响概率 β_i</th><th>工作时间 t_i</th><th>故障模式危害度 C_{mi}</th><th>产品危害度 C_r</th><th>备注</th></tr>
<tr><td>1</td><td rowspan="2">001</td><td rowspan="2">K31-40-121 继电器</td><td rowspan="2">接通需要的指令线路</td><td rowspan="2">多余物</td><td>组装时混入多余零件</td><td rowspan="2"></td><td>Ⅰ</td><td rowspan="2">10^{-4}/h</td><td>0.14</td><td>0.08</td><td rowspan="2">1</td><td>$C_{Ⅰ}=1.12\times10^{-6}$</td><td rowspan="2">略</td><td>严格控制组装多余物（零件组装计数控制）</td></tr>
<tr><td>2</td><td>密封时溅入多余物</td><td>Ⅱ</td><td>0.83</td><td>0.15</td><td>$C_{Ⅱ}=12.45\times10^{-6}$</td><td>PIND 检测三次使存在概率降到 10^{-3} 以下</td></tr>
</table>

续表

序号	代码	产品或功能标志	功能	故障模式	故障原因	任务阶段与工作方式	严酷度类别	故障率 λ_p	故障模式频数比 α_i	故障影响概率 β_i	工作时间 t_i	故障模式危害度 C_{mi}	产品危害度 C_r	备注
3	001	K31-40-121继电器	接通需要的指令线路	多余物	充氨时混入多余物		Ⅲ	10^{-4}/h	0.02	0.30	1	$C_{Ⅲ}=0.6\times10^{-6}$	略	充氮设备管道清洗使确无多余物
4					气道多余物及钢盖切割Al壳		Ⅳ		0.01	0.47		$C_{Ⅳ}=0.47\times10^{-6}$		盖口钢与管壳Al不适配，更换材料

注：①继电器多余物不一定产生Ⅰ类严酷度的后果，所以出现条件概率 $\beta_i\neq1$。
因此对不同严酷度类别均予以计算，C_{mi} 分别记为 $C_Ⅰ$、$C_Ⅱ$、$C_Ⅲ$、$C_Ⅳ$，也可只取 $C_Ⅰ$、$C_Ⅱ$。
②α_i 应是根据生产工艺的质量可靠性信息统计出来的，这里的数据是凭工程经验估计出来的。
③因为是工艺 FMECA，所以这里故障率 λ_p 不是交货后检测合格产品的 λ_p。

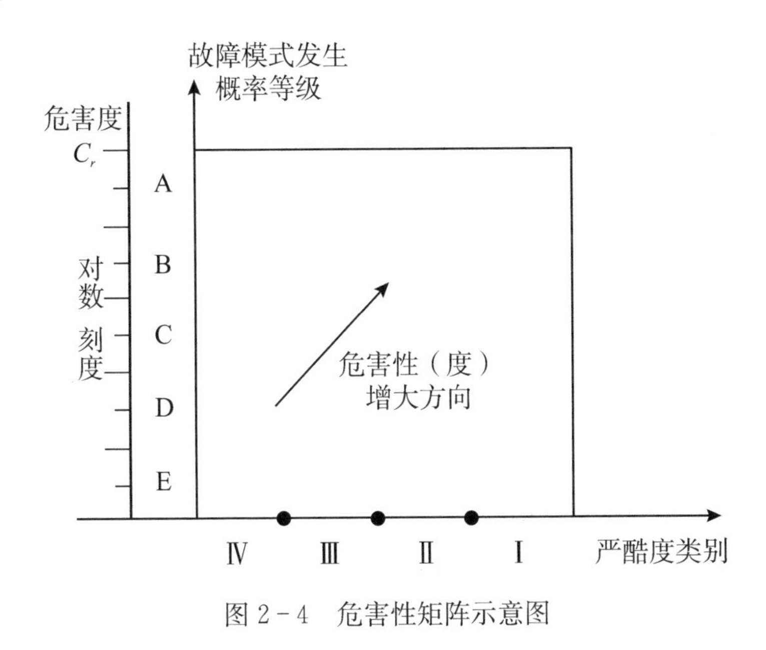

图 2-4　危害性矩阵示意图

2.5　FMECA 报告

FMECA 的最终结果是综合报告。报告应明确所分析的对象，约定层次，引用的故障数据源，分析方法，分析表格，分析得到的严酷度为Ⅰ、Ⅱ类故障模式，建议的补偿措施，关重件及单点故障模式清单。在设计定型前的 FMECA 报告中，应指出：

1）不能通过修改设计排除的严酷度为Ⅰ、Ⅱ类的故障模式及单点故障模式清单。如有可能应评出其危害性。

2）最终设计不能检测出的严酷度为Ⅰ、Ⅱ类的故障模式清单。

3）在设计过程中，FMECA 所做的结论及补偿建议，被采纳的情况，措施的效果。

报告的主体是：

1）FMECA 表格；

2）关重件故障模式及单点故障模式清单。

此清单的每一故障模式应列出如下内容：

a）产品（硬件、软件、生产工序、功能块）的标志；

b）为减少该故障模式出现的设计、工艺、管理上的改进措施；

c）检测出现这种故障模式（或其出现征兆）的方法及手段；

d）检测方法及手段的有效性验证；

e）在有冗余或可替换的方式予以补偿时，故障模式的出现如何检测？

f）没有可能检出故障模式的原因；

g）此种故障模式未被消除（或降到容许的故障出现水平之下）的原因；

h）如有可能，给出其危害性。

FMECA 报告应经过审批，并作为产品设计报告的组成部分提供评审。

2.6　FMECA 应用示例

例 1　5 V DC 稳压电源 FMECA

本例是分析安全报警系统（图 2-5）的 5 V DC 稳压电

源，当其元器件发生故障时，对系统的局部、高一层次和最终的影响。对硬件进行定量 FMECA。分析的程序参照 GJB 1391工作项目 101《故障模式及影响分析》和工作项目 102《危害性分析》。

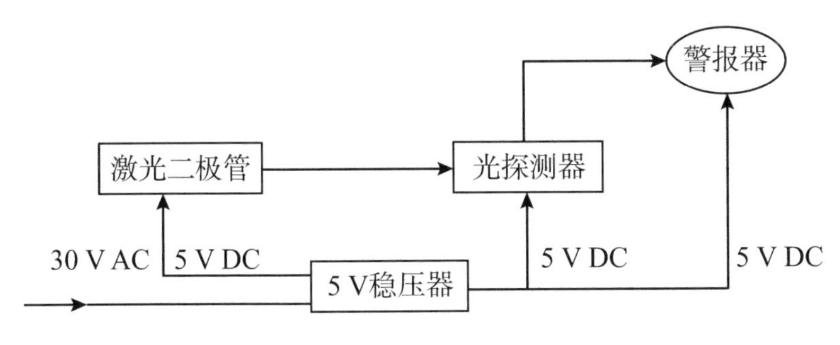

图 2－5　安全报警系统方块图

（1）定义产品

安全报警系统的功能：其发出一束不可见光，当光线被遮断（如人、物等），报警器发出警报讯号。该系统由四部分组成，即激光二极管、光探测器、警报器及 5 V 直流稳压器。

分析对象及其功能：5 V 直流稳压器，它供给安全报警系统 5 V 直流电压，其输入是 30 V 交流电压。5 V DC 稳压器由整流、稳压两部分组成，其电路图见图 2－6。

工作方式：安全报警系统的工作为“搜索”与“警报”两种方式。它用于仓库内，每天工作 12 小时，其寿命预计为 10 年，即 43 800 工作小时。系统的主要任务是当有入侵者闯入仓库内时，报警器发出警报。故障模式的最终影响按严酷度分类，并得到用户的认可。严酷度分类如下：

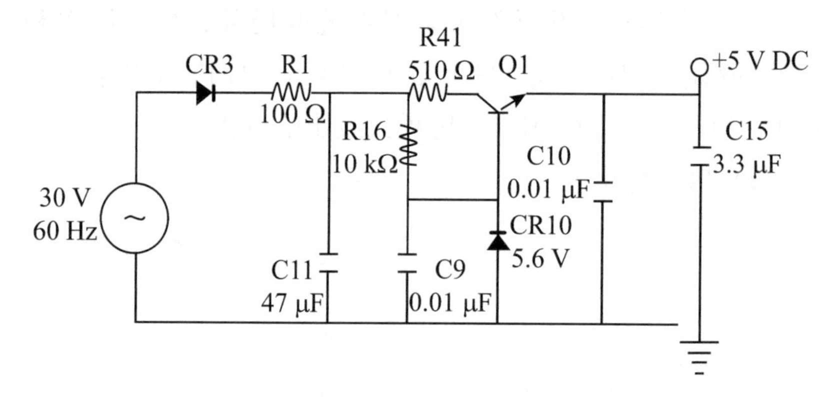

图 2－6　5V DC 稳压器电路图

Ⅰ类（灾难性的）：对入侵者不能检测到而导致不能报警的故障。

Ⅱ类（致命的）：能引起虚假报警的故障。

Ⅲ类（临界的）：能引起报警系统工作退化，但系统目前还能维持其功能的故障。

Ⅳ类（轻度的）：对报警系统没有显著影响的故障。

（2）绘制方块图

报警系统的工作方块图见图 2－5。由于系统工作较直观，因此不需要绘制可靠性框图。

（3）规则、假设与故障模式

FMECA 是利用报警系统方块图（图 2－5）、5 V DC 稳压器电路图（图 2－6）来完成的。对每一个元器件的故障模式分别地进行研究，以确定其对系统功能的影响及危害性。

假定报警系统是在工作温度为 20℃的环境下工作。为了进行定量危害性分析，需要确定 λ_p、α 及 β 值。

λ_p：5V DC稳压器的元器件失效率是按照MIL—HDBK—217E的数据，用元器件应力分析法计算获得。其值如表2-6所示。

表2-6　5V DC元器件工作失效率λ_p

元器件代号	名称	类型	λ_p(1/10^{-6}小时)
C9	电容	陶瓷	0.014
C10	电容	陶瓷	0.002
C11	电容	钽电解电容	0.010
C15	电容	钽电容	0.089
CR3	二极管	整流	0.123
CR10	二极管	稳压	0.345
Q1	晶体管	双极	0.502
R1	电阻	固定薄膜电阻	0.004
R16	电阻	固定薄膜电阻	0.003
R41	电阻	固定薄膜电阻	0.005

α：5 V DC稳压器元器件的故障模式及其发生的频数比是参照美国RAC文献资料来获得。其值见表2-7。

表2-7　5V DC元器件故障模式及其发生的频数比

元器件	故障模式	α
陶瓷电容	短路	0.49
	容值变化	0.29
	开路	0.22
钽电容	短路	0.57
	开路	0.32
	容值变化	0.11

续表

元器件	故障模式	α
钽电解电容	短路	0.69
	开路	0.17
	容值变化	0.14
整流二级管	短路	0.51
	开路	0.29
	参数变化	0.20
稳压二极管	短路	0.45
	开路	0.35
	参数变化	0.20
固定膜薄电阻	短路	0.59
	开路	0.36
	参数变化	0.05
双极晶体管	短路	0.73
	开路	0.27

β：就每一个元器件的功能而言，5 V DC 稳压器设计比较简单，即每一个元器件的故障，产生明显的影响，由于任何故障模式没有重复的影响，因此，β 可取 1。

（4）FMEA

5 V DC 稳压器 FMEA 是根据 GJB 1391 工作项目 101 进行。分析的对象是 5 V DC 的 10 项元器件的 29 种故障模式。FMEA 结果见表 2－8～表 2－10。

表 2-8 5 V DC FMEA（工作项目 101）（部分）

FMEA 分析表

系统：安全报警系统　　　　填表日期：1992/3/31

组件名称：5 V DC 稳压器　　　　页　码 第1页共4页

图号：A123　　　　分析人员

任务：搜索探测　　　　批　准

代码	产品或功能标志	功能	故障模式和原因	任务阶段与工作方式	故障影响			故障检测方式	补偿措施	严酷度类别	备注
					局部影响	高一层次影响	最终影响				
001	CR3 整液压二极管	半波整流	短路	搜索探测	丧失整流作用	无电压输出	警报器丧失作用	无	无	Ⅰ	
002			开路	搜索探测	稳压器无电流	稳压器无电压输出	警报器丧失作用	无	无	Ⅰ	
003			参数变化	搜索探测	整流电压轻微变化	稳压电压无变化	无影响	无	无	Ⅳ	

续表

代码	产品或功能标志	功能	故障模式和原因	任务阶段与工作方式	故障影响			故障检测方式	补偿措施	严酷度类别	备注
					局部影响	高一层次影响	最终影响				
004	R1 100 Ω 固定电阻	限流	开路	搜索探测	稳压器无电流	稳压器无输出	警报器丧失作用	无	无	Ⅰ	
005			参数变化	搜索探测	对 Q1 的输出电压有轻微变化	不改变输出电压	无影响	无	无	Ⅳ	
006			短路	搜索探测	丧失限流保护作用	电流可能过大	减少工作寿命	无	无	Ⅲ	
007	C11 47μF 钽电解电容	滤波	短路	搜索探测	对 Q1 无电流供给	无输出	警报器丧失作用	无	无	Ⅰ	
008			开路	搜索探测	滤波作用丧失	5 V DC 稳压器输出电压不稳定	工作性能退化	无	无	Ⅲ	
009			容值变化	搜索探测	滤波特性轻微变化	对电压输出无变化	无影响	无	无	Ⅳ	

表 2-9　5 V DC 危害性分析（工作项目 102）（部分）

系统：安全报警系统　　　　填表日期：1992/3/31

组件名称：5 V DC 稳压器　　　　页　码　第1页共4页

图号：A123　　　　分析人员

任务：搜索探测　　　　批　准

代码	产品或功能标志	功能	故障模式	任务阶段与工作方式	严酷度类别	故障概率或故障率数据源	故障率 λ_p $\times 10^{-6}$	故障模式频数比 α_i	故障影响概率 β_i	工作时间 t_i	故障模式危害度 C_{mi}	产品危害度 $C_r=\sum C_{mi}$	备注
001	CR3 整流二极管	半波整流	短路	搜索探测	Ⅰ	MIL-HDBK-217E	0.123	0.51	1	43 800	2.747×10^{-3}	4.309×10^{-3}	
002			开路	搜索探测	Ⅰ	MIL-HDBK-217E	0.123	0.29	1	43 800	1.582×10^{-3}		
003			参数变化	搜索探测	Ⅳ	MIL-HDBK-217E	0.123	0.20	1	43 800	1.077×10^{-3}	1.077×10^{-3}	

续表

代码	产品或功能标志	功能	故障模式	任务阶段与工作方式	严酷度类别	故障概率或故障率数据源	故障率 λ_p $\times 10^{-6}$	故障模式频数比 α_i	故障影响概率 β_i	工作时间 t_i	故障模式危害度 C_{mi}	产品危害度 $C_r=\sum C_{mi}$	备注
004	R1 100 Ω 固定电阻	限流	开路	搜索探测	Ⅰ	MIL－HDBK－217E	0.004	0.59	1	43 800	0.103×10^{-3}	0.103×10^{-3}	
005			短路	搜索探测	Ⅲ	MIL－HDBK－217E	0.004	0.05	1	43 800	0.009×10^{-3}	0.009×10^{-3}	
006			参数变化	搜索探测	Ⅳ	MIL－HDBK－217E	0.004	0.36	1	43 800	0.063×10^{-3}	0.063×10^{-3}	
007	C11 47 μF 钽电解电容	滤波	短路	搜索探测	Ⅰ	MIL－HDBK－217E	0.01	0.69	1	43 800	0.302×10^{-3}	0.302×10^{-3}	
008			开路	搜索探测	Ⅲ	MIL－HDBK－217E	0.01	0.17	1	43 800	0.074×10^{-3}	0.074×10^{-3}	
009			容值变化	搜索探测	Ⅳ	MIL－HDBK－217E	0.01	0.14	1	43 800	0.061×10^{-3}	0.061×10^{-3}	

表2-10　产品危害性排序清单

系统：安全报警系统　　　　　　填表日期：1992/3/31

组件名称：5 V DC 稳压器　　　页　　码：第1页共4页

图号：A123　　　　　　　　　　分析人员：________

任务：搜索探测　　　　　　　　批　　准：________

代码	产品或功能标志	功能	严酷度类别	故障影响概率 β	故障率 $\lambda_p \times 10^{-6}/h$	工作时间 t/h	产品危害度 $C_r = \sum C_{mi}$
022	Q1NPN 晶体管	提供 5 V DC 输出电流	Ⅲ	1	0.502	43 800	16.051×10^{-3}
019	CR10 稳压二极管	提供 Q1 基极 5.6 V 电压	Ⅲ	1	0.345	43 800	12.089×10^{-3}
023	Q1NPN 晶体管	提供 5 V DC 输出电流	Ⅳ	1	0.502	43 800	5.937×10^{-3}
001	CR3 整流二极管	半波整流	Ⅰ	1	0.123	43 800	4.309×10^{-3}
021	CR10 稳压二极管	提供 Q1 基极 5.6 V 电压	Ⅰ	1	0.345	43 800	3.022×10^{-3}
027	C15 3.3μF 钽电容	滤波	Ⅰ	1	0.0892	43 800	2.222×10^{-3}
028	C15 3.3μF 钽电容	滤波	Ⅲ	1	0.0892	43 800	1.247×10^{-3}
003	CR3 整流二极管	半波整流	Ⅳ	1	0.123	43 800	1.077×10^{-3}

（5）定量危害性分析

5 V DC 稳压器定量危害性分析是根据 GJB 1391 工作项目 102 进行的。分析结果见表 2－9。

（6）危害性矩阵

5 V DC 稳压器危害性矩阵图按本章第 2.4 节讲述的内容进行绘制。

图 2－7 为定量危害性矩阵图。图中列出了各元器件故障模式危害度大于 1×10^{-3} 的清单。

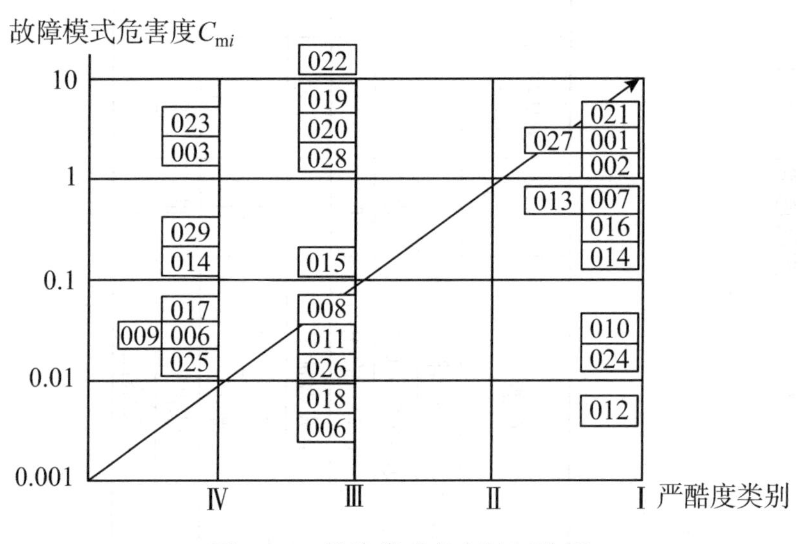

图 2－7　故障模式危害性矩阵图

××代表 FMECA 分析表上的代码

（7）分析结果与建议

由危害性分析结果知，故障模式能引起Ⅰ类严酷度的是代码 001、021、027，相应的元器件为 CR3 整流二极管、CR10 稳压二极管及 C15 3.3μF 钽电容。其中 CR3 短路、开路故障模式的影响均为 I 类严酷度，而 CR15、C15 只是短路故障模式的影响为 I 类。

对危害性影响最大的因素是高的故障率。综合上述考虑，建议对 CR3、CR10 作设计更改，采用较高质量的二极管。

例 2　运载火箭捆绑结构 FMEA

捆绑式运载火箭的发动机系统是由芯级发动机和四个助推器组成的。通过前连接杆和后捆绑连接结构实现芯级和助推器之间的捆绑。要求分析：

1）火箭在助推器和发动机点火到关机的主动段飞行中，助推器捆绑结构的每一种失效模式对传递助推器推力（即本例定义的功能 I）的影响；

2）火箭飞行期间，在捆绑结构中当火工品正常爆炸导致异常的捆绑分离时，助推器捆绑结构中分离装置的每一种失效模式对助推器脱开芯级的影响。

火箭与四个助推器分别装上一套捆绑结构。这套结构包括两部分：一部分装在助推器的前端（即捆绑结构的前端），指呈 Z 字形连接的三根前连接杆，见图 2-8（a），每一根杆上装两个爆炸螺栓（C-10）；另一部分装在助推器的后端（即捆绑结构的后端），指捆绑连接结构，见图 2-8（b），每一个结构上装一个分离螺母（C-50）。

捆绑结构有两种功能：

功能Ⅰ是指火箭在竖直贮放发射台上一点火起飞一关机这段时间内，捆绑结构必须保证助推器与芯级间的刚性连接，而助推器与芯级间的相对位置应符合设计要求，完成助推器推力向芯级的推力传递任务。

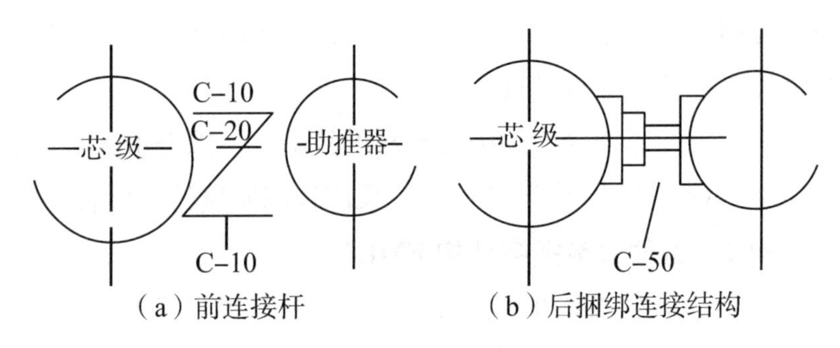

（a）前连接杆　（b）后捆绑连接结构

图 2－8　捆绑结构示意图

功能Ⅱ是指火箭在飞行过程中，当控制系统给出分离指令时，三根前连接杆和后捆绑连接结构中所有分离装置的爆炸螺母、爆炸螺栓，必须在规定时间内保证起爆无误，完成四个助推器脱开芯级的分离任务。

在三根前连接杆和后捆绑连接结构中，只要其中一个发生失效，则推力传递功能丧失，因此得到串联的可靠性框图（图 2－9）。功能Ⅱ，对于捆绑结构中所有火工品而言，即使是正常起爆，但是为确保助推器与芯级正常分离，在设计时，对前连接杆上的火工品采取了冗余措施，因此得到火工品的并联－串联模型表示的可靠性框图［图 2－10（a)］。但是必须认识到火工品存在着误爆的可能性（从历史上看，尽管这种失效的可能性甚小，但从 FMEA 角度考虑它是必要的），因此又得到以串联模型表示的可靠性框图［图 2－10（b)］。由此可知，一个功能框图有时有两个可靠性框图。

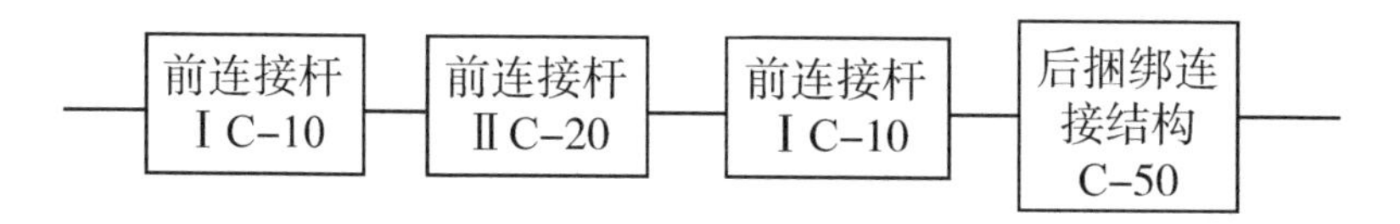

图 2－9　功能Ⅰ的可靠性框图

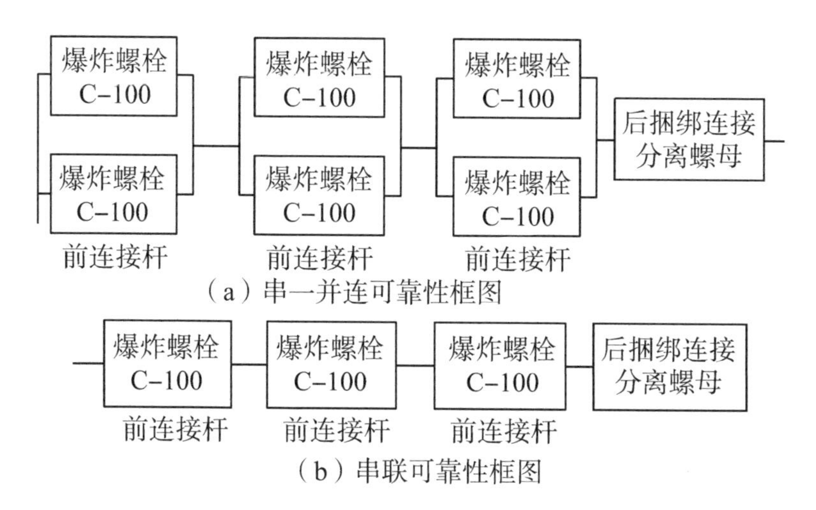

图 2－10　功能Ⅱ的可靠性框图

根据可靠性框图进行 FMEA，得到前连接杆 FMEA 表和后捆绑连接结构 FMEA 表见表2－11 和表 2－12。

下面针对几个主要问题进一步研究分析：

1）关于前连接杆及后捆绑连接结构的承载能力。承载能力与捆绑结构本身可能产生断裂或失稳有关，因此在措施上既要设计裕度（但不过于保守），又要选择优质材料和严格控制材料的热处理。如热处理时，要对同炉的试片做力学试验和验收。

表 2－11　前连接杆 FMEA 表

序号	项 目	失效模式	失效原因	可能的后果	严重性（严酷度）	发生概率	建议采取的措施	备注
1	前连接杆（CBE0－10）	连接杆断裂	材料有严重缺陷或强度不合格	运载火箭发射失败	Ⅰ类（灾难的）	极小	设计上留有足够的安全系数（$f>4.5$），生产中对材料强度及缺陷要求严格检查	
2	前连接杆（CBE0－10）	连接杆松脱	连接螺母松脱，锁紧不起作用	不影响完成发射飞行任务	Ⅳ类（轻微的）	极小	设计上已采取防松锁紧措施	
3	前连接杆（CBE0－10）	接到分离信号后在规定时间内连接杆没断开	爆炸螺栓未炸开	影响将有效载荷送入预定轨道	Ⅱ类（致命的）	极小	设计上已采取冗余措施（每根连接杆有两个爆炸螺栓）	

续表

序号	项 目	失效模式	失效原因	可能的后果	严重性（严酷度）	发生概率	建议采取的措施	备注
4	前连接杆（CBE0－10）	连接杆受压失稳	材料性能不合格	运载火箭发射失败	Ⅰ类（灾难的）	极小	设计上有足够的安全系数（$f>3$），但生产上应有严格的质量保证及检验	
5	前连接杆（CBE0－10）	连接杆提前炸断	分离筒因静电或雷击误炸	助推器失去其1个前连接杆，推力不能正常传递	Ⅱ类（致命的）	极小	设计上已采取全箭的防雷击、防静电措施，但其有效性尚待试验验证	
6	前连接杆（CBE0－10）	连接杆分离后与芯级箭体相连的残留段与箭体碰击	连接杆与箭体连接耳片未卡死	碰坏箭体前短壳、降低其承载能力，但该部位刚度较大，不影响完成飞行	Ⅳ类（轻微的）	极小	设计上已有卡死装置，总装后应仔细检查	

表 2-12　后捆绑连接结构 FMEA 表

序号	项　目	失效模式	失效原因	可能的后果	严重性（严酷度）	发生概率	建议采取的措施	备注
1	后捆绑连接结构（CBE0－50）	两头支座连接处的松脱	连接螺母被振松	连接结构错位可能影响推力正常传递	Ⅲ类（严重的）	极小	设计上已有锁紧措施	
2	后捆绑连接结构（CBE0－50）	支座连接部位产生大变形或连接螺栓断裂	连接部位的刚度不够或该处箭体结构局部失稳	影响推力正常传递，影响有效载荷入轨	Ⅱ类（致命的）	偶然的	除设计上进行刚度或变形量计算之外，应经过严格模拟边界条件的静力试验加以考核	
3	后捆绑连接结构（CBE0－50）	球头栓卡死	球头加工不符合要求	影响助推器正常分离	Ⅱ类（致命的）	极小	加工后严格检验，装配后周密试验	

续表

序号	项　目	失效模式	失效原因	可能的后果	严重性（严酷度）	发生概率	建议采取的措施	备注
4	后捆绑连接结构（CBE0－50）	分离螺母未炸开	未接到电信号或点火器可靠性不够高	影响有效载荷入轨（因助推器关机后未能分离）	Ⅱ类（致命的）	极小	设计上已采取冗余措施，即每个分离螺母有2个点火器，建议再加强生产质量控制及验收试验	
5	后捆绑连接结构（CBE0－50）	分离螺母提前炸开	点火器因雷击或静电而误炸	助推器失去后连接点，其推力不能正常传递导致飞行失败	Ⅱ类（致命的）	极小	设计上已采取全箭的防雷击、防静电措施，但其有效性尚待试验验证	

2）关于前连接杆和后捆绑连接结构与箭体接口部位的刚度。箭体接口部位，作为支撑前连接杆和后捆绑连接结构，它的结构强度与捆绑结构可能发生局部失稳或连接螺栓的弯曲、断裂有关，因此在措施上既要对箭体接口部位的结构设计提出特殊要求，又要加强静力试验，而且试验载荷应大于使用载荷。

3）关于火工品的可靠性。捆绑结构中的火工品不仅有可靠性指标要求，而且在前连接杆处还采用了冗余。但是，也必须认识到这种冗余虽然增加了爆炸的可靠性，却也增加了雷击或静电等因素造成误爆的可能性。因此，在措施上既要在飞行前对防雷击、防静电措施进行验证性试验，又要对火工品加强质量控制和上箭前的验收。

2.7　小结

FMECA 是 GJB—450 中的工作项目 204，是产品（系统）可靠性设计中必须进行的工作项目。GJB 1391《故障模式、影响及危害性分析程序》规定了进行 FMECA 的方法。

FMECA 是可靠性分析的一种重要方法，它包括：1）按规定列出产品（系统）中所有可能出现的故障；2）分析每种故障对产品（系统）功能的影响；3）明确单点故障；4）将每种故障按其影响的严酷度排序，这样可能使设计人员明确其潜在不可靠因素，并根据其严酷度、危害性采取相应的针对性措施。

由 FMECA 得出的结论可以对潜在不可靠因素及早发现、纠正，为改进产品（系统）的可靠性提供指南。因此应在产品（系统）研制早期就着手进行，并在研制过程中不断迭代改进。它还有助于维修性、测试性、保障性、安全性的分析及设计，大大减少后期修改设计带来的时间和费用等方面的损失，节省研制费用。

国外及国内的典型电子元件、机械零件故障模式及频数见表2－13和表 2－14。

表 2－13　典型电子元件、机械零件故障模式及频数表
（国外部分——数据来自 MIL—HDBK—338）

元部件	重要故障模式	频数/(%)
陶瓷固定电容	短路	50
	容值变化	40
	开路	5
云母或玻璃电容	短路	70
	断路	15
	容量变化	10
金属化纸介电容	开路	65
	短路	30
钽电解电容	开路	35
	短路	35
	漏电流过大	10
	容值降低	5

续表

元部件	重要故障模式	频数/(%)
铝电解电容	开路	40
	短路	30
	漏电流过大	15
	容值降低	5
纸介电容	短路	90
	开路	5
碳膜、金属膜固定电阻	开路	80
	阻值变化	20
合成固定电阻	阻值变化	95
合成可变电阻	工作不稳定	95
	绝缘失效	5
可变线绕电阻	工作不稳定	55
	开路	40
	阻值变化	5
精密可变线绕电阻	开路	70
	噪声过大	25
旋转开关	间隙接触	90
拨动式开关	弹簧疲劳	40
	间歇接触	50
热敏电阻	开路	95
连接器（标准型）	接触失效	30
	材料变质	30
	焊点机械失效	25
	其他机械失效	15

续表

元部件	重要故障模式	频数/(%)
连接器	短路（密封不良）	30
	焊点机械失效	25
	绝缘电阻降低	20
	接触电阻不良	10
	其他机械失效	15
级间插座	短路	30
	焊接头机械失效	25
	绝缘电阻蜕化	20
	接触电阻变大	10
线圈	绝缘变坏	75
	绕组开路	25
硅和锗二极管	短路	75
	间断接通	18
	开路	6
锗和硅晶体管	Cb 漏电流过大	59
	Ce 击穿电压过低	37
	引线开路	4
磁控管	窗口击穿	20
	阴级蜕化	40
	放气	30
线性组件	氧化物缺陷	31
	引线键合	19
	扩散缺陷	16
	表面逆温层	13
	小片键合	3
	引线失效	6

续表

元部件	重要故障模式	频数/(%)
中小规模 CMOS 电路	污染	34
	开路	19
	球形键合缺陷	11
	外界微粒	4
	铝/金柯肯代尔砂眼	4
	铝引线键合缺陷	4
	氧化层短路	4
	漂物	10
	短路	2
	氧化层短路	2
	小片键合缺陷	2
	电阻性结	2
	盖子密封缺陷	2
变压器	区间短路	80
	开路	5
超小型电子管	蜕化	90
	损坏	10
石英晶体	开路	80
	不振荡	10
电表	损坏	75
	蜕化（精度）	25
指示灯	烧断	75
	性能降低	25
白炽灯	灯丝断、玻璃碎	10
	性能降低	90

续表

元部件	重要故障模式	频数/(%)
电动机、发电机	绕组失效	20
	轴承失效	20
	滑环、电刷、整流子损坏	5
伺服机构、测速发电机	绕组失效	40
	轴承失效	45
同步器	绕组失效	40
	轴承失效	30
鼓风机	绕组失效	35
	轴承失效	50
	滑环、电刷、转换器损坏	5
轴承	润滑剂变质、消失	45
	污染	30
	误调	5
	剥蚀	5
	腐蚀	5
磁性离合器	轴承耗损	45
	机械蜕化丧失力矩	30
	线圈失效丧失力矩	15
指示器	损坏	75
	蜕化	25
绝缘体	机械损坏	50
	蜕化	50
油封	材料变质	85
O 型橡胶圈	材料变质	90
阀门	阀门粘连	40
	密封蜕化	50

续表

元部件	重要故障模式	频数/(%)
橡胶型减振器	材料变质	85
弹簧型减振器	阻尼介质性能下降	80
	弹簧疲劳	5
振动器	接点失效	80
	绕组开路	5
	弹簧疲劳	15

表 2-14　典型电子元件、机械零件故障模式及频数表
(国内部分——数据来自 GJB/Z—299A—91)

元部件	重要故障模式	频数/(%)
双极数字电路	高输出（1）	10
	低输出（0）	15
	性能退化	50
	断路	20
	短路	5
MOS 型数字电器	性能退化	60
	开路	25
	短路	15
双极型与 MOS 型模拟电路	阻塞	60
	断路	30
	短路	10
混合电路	性能退化	40
	塌丝	20
	低温不启动	20
	漏气	20

续表

元部件	重要故障模式	频数/(%)
晶体管	开路	46
	短路	38
	性能退化	20
硅场效晶体管	开路	40
	短路	35
	电参数漂移	25
单结晶体管	开路	30
	短路	24
	电参数漂移	46
闸流晶体管	开路	20
	短路	15
	电参数变化	65
普通二极管	开路	50
	短路	17
	电参数变化	33
电压调整及电压基准二极管	开路	25
	短路	29
	电参数变化	46
光电器件	开路	25
	短路	20
	电参数变化	55
金属膜电阻	开路	92
	参数漂移	8
碳膜电阻	开路	83
	参数漂移	17

续表

元部件	重要故障模式	频数/(%)
精密线绕电阻	开路	97
	参数漂移	3
功率线绕电阻	开路	97
	参数漂移	3
普通线绕电阻	接触不良	39
	短路	12
	开路	49
微调线绕电阻	接触不良	80
	短路	10
	开路	10
有机实心电位器	接触不良	33.8
	开路	60.6
	短路	5.6
合成碳膜电位器	接触不良	40
	短路	9
	开路	34
	参数漂移	17
纸介和薄膜电容	短路	74
	开路	13
	参数漂移	13
玻璃釉电容	短路	53
	开路	25
	参数漂移	22
云母电容	短路	83
	开路	10
	参数漂移	7

续表

元部件	重要故障模式	频数/(%)
1 类瓷介电容	短路	73
	开路	16
	参数漂移	11
2 类瓷介电容	短路	73
	开路	16
	参数漂移	11
固钽	短路	75
	参数漂移	25
铝电介电容	短路	83
	开路	17
变压器	开路	40
	短路	28
	参数漂移	9
	其他	23
线圈	开路	39
	短路	18
	参数漂移	26
	其他	17
断电器	触点断开	44
	触点粘结	40
	参数漂移	14
	线圈断、短路	2

参考文献

[1] 石荣德．失效模式影响及其后果分析．中国航空学会科普与教育工作委员会，1984.
[2] 刘松，等．武器系统可靠性工程手册．北京：国防工业出版社，1992.
[3] 王超，王金，等．机械可靠性工程．北京：冶金工业出版社，1992.
[4] 顾履平，冯锡曙，等．实用可靠性技术．北京：机械工业出版社，1992.
[5] 梅启智，廖炯生，孙惠中．系统可靠性工程基础．1992.
[6] 疏松桂．控制系统可靠性分析与综合．北京：科学出版社，1992.
[7] 黄祥瑞．可靠性工程．北京：清华大学出版社．
[8] W Grant Ireson，et al. Handbook of Reliability Enginerring and Management.
[9] RAC，Failure Mode，Effects and Criticality Analysis（FMECA），1993，Management.
[10] GJB/Z 1391—2006 故障模式、影响及危害性分析指南．
[11] MIL—STD—1629A 中译本．
[12] QJ 2437—93.

第 3 章　故障树分析

3.1　概述

故障树分析（Fault Tree Analysis，FTA）是 1961 年提出来的，首次用于分析“民兵”导弹发射控制系统，后来推广应用到航天部门及核能、化工等许多领域，成为复杂系统可靠性和安全性分析的一种有力工具，也是事故分析，特别是航天事故分析的一个重要手段。

1974 年美国原子能委员会发表 WASH－1400《关于压水反应堆事故风险评价报告》[1]引起了全世界的关注，其核心方法就是故障树分析法和事件树分析法。1975 年美国可靠性学术会议把 FTA 技术和可靠性理论并列为两大进展[2]。我国自从 20 世纪 80 年代初引入 FTA 方法以来，在研究和应用方面也取得许多进展[3-5]，FTA 的国家标准和国家军用标准都已颁布[6-7]。

FTA 是以不希望发生的、作为系统失效判据的一个事件（顶事件）作为分析的目标，第一步去寻找所有的引起顶事件的直接原因，第二步再去寻找引起上述每一个直接原因的所有直接原因，以下同理，一层一层地找下去。如果原因甲或乙合在一起发生才引起上一级事件发生，就用逻辑与（AND）门连起来。通过这样逐层向下追溯所有可能的原因（注意每一层只找必要而充分的直接原因，而且每一层必须找全，才能再往下一层找），直到不需要再进一步分析下去为止。这样，就可以找出系统内可能发生的硬件失效、软件差错、人为失误、环境影响等各种因素（底事件）和顶事件所代表的系统失效之间的逻辑关系，并且用逻辑门符号连成一棵倒立的树状图形，这就是故障树或称故障原因树。建成故障树后，再定性分析各个底事件对顶事件发生影响的组合方式和传播途径，识别以顶事件为代表的各种可能的系统故障模式，以及定量计算这些影响的轻重程度，算出系统失效概率和各个底事件的重要度次序。根据分析结果，鉴别设计上的薄弱环节，并采取改进措施以提高产品的可靠性。FTA 流程如图 3－1 所示。

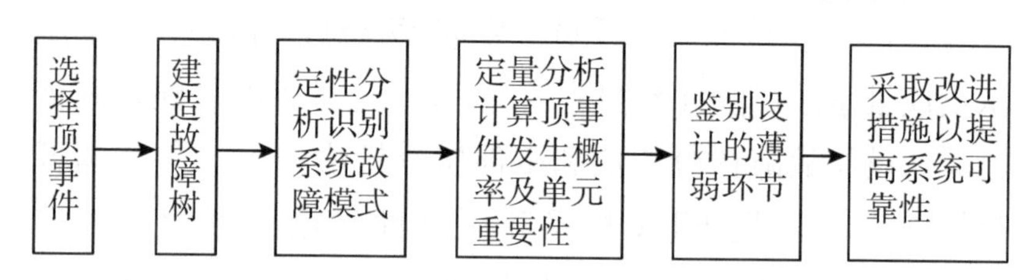

图 3－1　FTA 流程

FTA 属于演绎法，它由上而下，由系统的特定故障状态（顶事件）出发，分析导致顶事件的一切可能原因或原因组合，这种分析面向全系统。第 2 章介绍的 FMECA 则属于归纳法，它由下而上，分析系统的硬件单元或功能单元的所有可能的故障模式，确定它对系统的影响。这种分析面向系统的一切组成部分。

FMECA简单易行，易于推广到各级产品，设计师普遍应用，而FTA则难度较大。因此在军标和部标可靠性大纲的可靠性工作项目中只把FMECA列入，未将FTA列入。但是FMECA是单因素分析，即在分析单元故障模式对系统的影响时，是以假定其他所有单元无故障作为条件的。而FTA则追溯系统失效的根源，深入到故障组合关系。所以在国内外航天工程上，要求首先全面开展FMECA，从而找出可能发生的灾难性的和严重的系统失效事件，然后从中选择顶事件有重点地进行FTA。这样，FMECA是FTA的一种准备，FTA是FMECA的发展和补充，二者相辅相成。

在系统安全性分析中，首先要求进行初步危险（因素）分析和详细危险分析，再选择关键危险因素进行FTA。

这里所述FTA与FMECA、危险因素分析的关系可用图3-2表示。图3-2中同时表示出了根据FMECA、危险因素分析结果直接采取改进措施来提高系统可靠性、安全性的途径。

由于FTA考虑的基本单元是故障事件（底事件），因此它适合于把硬件故障、软件差错、人为失误和环境影响都包括在内进行分析。但是FTA难度大，建树易错漏，定量计算往往因缺少数据而难以进行，所以在工程上FTA的主要作用在于建造故障树（以下简称“建树”）和定性分析。本章重点介绍建树和基本的定性分析方法及近似的定量分析

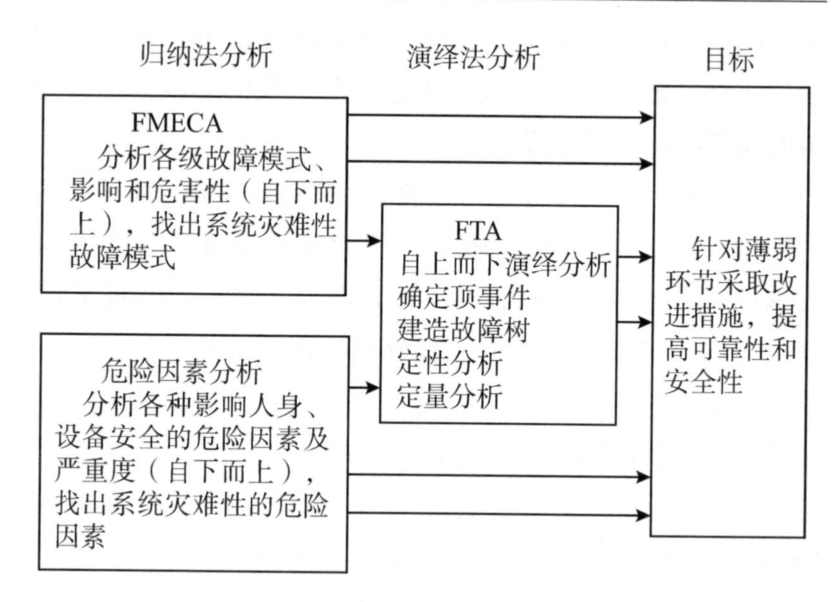

图 3-2　FTA 与 FMECA、危险因素分析关系图

方法，将通过说明性例子来进行介绍。最后介绍导弹和卫星 FTA 应用实例。

3.2　建造故障树

建树是 FTA 的基础和关键。建树是否正确和完善直接影响定性、定量分析的结果。故障树应当是实际工程系统故障组合和传递的因果逻辑关系的正确抽象。建树工作十分庞大烦杂，要求建树者对于系统及其各组成单元和各种影响因素有透彻的了解，所以要求系统设计、运行操作、维修保养和可靠性安全性分析等方面的专家密切合作。建树过程又往往是一个多次反复、逐步深入、逐步完善的过程。在这过程中发现薄弱环节，采取改进措施，以提高系统可靠性。建树所用故障树符号如图3-3所示。

代用符号	IEC -1025推荐符号	功能	说明
	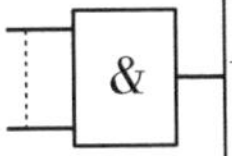 &	与门	全部输入存在时才有输出
	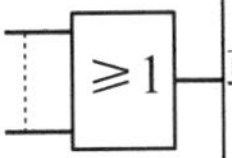 ≥1	或门	至少一个输入存在时即有输出
	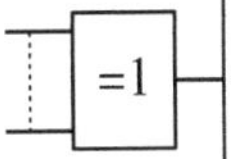 =1	异或门	当且仅当一个输入存在时才有输出
	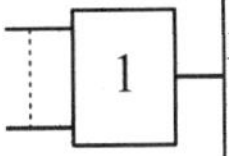 1	非门	输出等于输入的逆事件
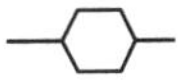	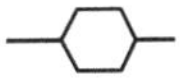	禁止门	若禁止条件成立，即使有输入也无输出
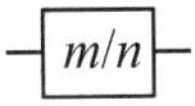 m/n	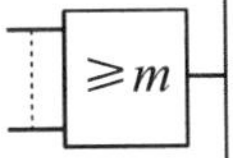 $\geq m$	表决门	n个输入中至少有m个存在时也有输出
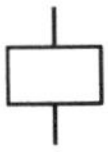	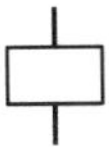	事件说明	底事件（基本事件和未展开事件）以外的其他事件（包括顶事件和中间事件）的说明
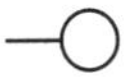	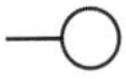	基本事件	不能再分的事件，代表元部件失效或人为失误等
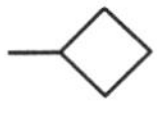	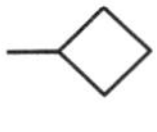	未展开事件	其输入无须进一步分析或无法进一步分析的事件
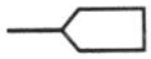	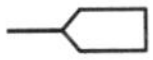	房型事件	已经发生或必定发生的事件
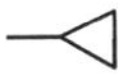	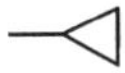	输入符号	已在本故障树另外地方定义了的事件
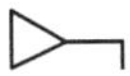	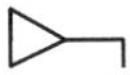	转出符号	用于另外地方的重复事件

图3-3　故障树符号表

GB 7829《故障树分析程序》和 GJB 768《故障树分析》都推荐演绎法人工建树。下面先介绍建树基本规则，再示例说明建树过程。

3.2.1 建树基本规则

建树者必须熟悉系统设计说明书和运行、维修规程等有关资料，透彻地掌握系统设计意图、结构、功能、接口关系、环境条件和失效判据，根据任务确定分析的目标，选择顶事件。如果要分析已经发生的事件，例如 1992 年 3 月 22 日“长二捆”发射澳星没有成功，1993 年 10 月 16 日返回式卫星没有回到地面，那么这就是顶事件，无须选择。FTA 更多地用于预想可能发生的系统失效并分析其原因，这时有是否正确选择顶事件问题。一般应在 FMECA 基础上对可能发生的系统故障分类排队，从中选择顶事件。对于航天系统应按整弹（整星）、分系统和设备三级分层建树。但应注意全系统、分系统都必须先有总体的考虑，以指导下级建树，并要特别注意各部门之间的接口，以及硬件和软件界面，避免漏项，还应审查它们出故障的事件是否统计独立。

演绎法建树应遵循以下规则：

（1）明确定义分析对象及边界并合理简化

明确定义分析对象和其他部分的边界，同时做出一些合理的假设条件（如假设电源或水源为无穷大，暂不考虑地面辅助设备故障及人为故障等），从而由真实系统图得到一个主要逻辑关系等效的简化系统图，根据这个简化系统图进行建树。

划定边界，合理简化是完全必要的。这将帮助分析者抓住重点而不致过分分散精力，因为不可能分析一个复杂对象的一切联系和一切影响因素。同时，又要非常慎重，避免主观地把看来“不重要”的底事件压缩掉，把要寻找的隐患漏掉。做到合理划定边界和简化的关键在于经过集思广益的推敲，做出正确的工程判断。

（2）故障事件应严格定义

为了正确确定故障事件的全部必要而充分的直接原因，各级故障事件都必须严格定义。应当明确表述“是什么故障”以及“故障是在何种条件下发生的”。例如，“开关合上后灯炮不亮”，“点火指令下达后一对助推器点火而另一对助推器不点火”，“姿控发动机喷气后卫星未返回地面而进入大椭圆轨道”。

设备故障可分三类：本质故障、诱发故障和指令性故障。本质故障是在设计工作应力和环境条件内，由于设备本身原因而发生的故障。诱发故障是由于超出规定应力或环境条件而发生的故障。指令性故障则指设备正常动作，只是动作时间或动作位置错误。凡不属于设备本身失效而导致的故障可归类为系统状态故障。

分清故障事件的必要而充分的直接原因也是重要的。例如单元电路图3－4所示的D、E串联，结果事件是“E未收到信号”，其直接原因就是“D无输出”，但决不能简单地说成“D无输入”。要一步一步走，不能跳。下一步分析“D 无输出”的直接原因有两种可能：1）D 有输入但无输出；2）D 无输入。所以“D 无输出”事件下面是以两者为输入的或（OR）门。如果单元 B、C 并联后与 D 串联，则“D 无输入”的必要而充分的直接原因是 B、C 均无输出，是与门逻辑关系。建树时不允许逻辑混乱和条件矛盾。

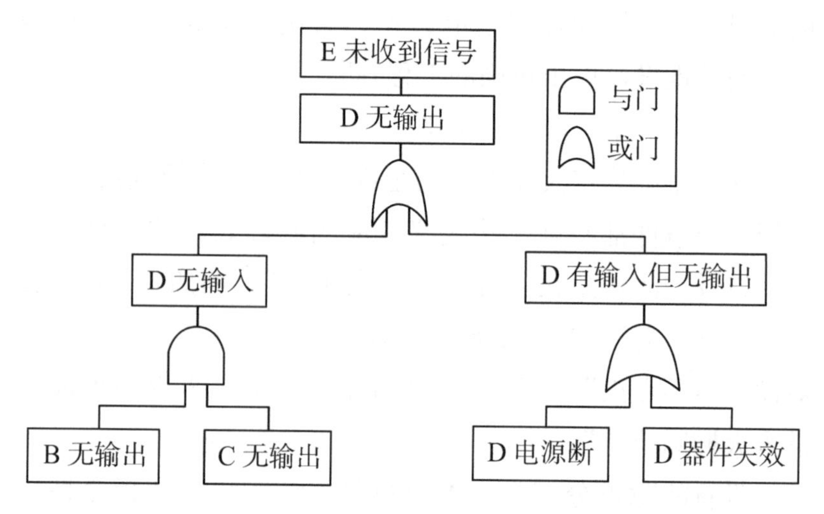

图 3-4　D、E 串联单元故障树（B、C 并联后与 D 串联）

（3）从上向下逐级建树

建树应从上向下逐级进行，在同一逻辑门的全部必要而充分的直接原因事件未列出之前不得进一步展开其中任何一个事件。每一层只找直接原因，并且要找出全部直接原因。同一个层次上可能有多个逻辑门和事件。必须逐一找全，才能再向下一层次去找。这样严格的循序渐进是为了防止错漏，否则，到建造完一棵大故障树再来查中间是否有错漏是极困难的。FTA 是一种严格的层次分析，每一步只找直接原因，避免直接和间接原因混到一起，找不清问题。

（4）建树时不允许逻辑门—逻辑门直接相连

建树时不允许不经定义结果事件而将逻辑门—逻辑门直接相连。每一逻辑门的输出（结果事件）都应清楚定义并写在长方形框中。为了故障树的向下发展，必须用等价的比较具体的直接事件取代比较抽象的间接事件。这样在建树时可能形成不经任何逻辑门的事件—事件串，那也要逐一定义写在长方框中。例如上述D、E串联单元故障关系应写成图3-4。

（5）处理共因事件

共同的故障原因事件会引起不同的部件故障甚至不同的系统故障。共同故障原因事件简称共因事件。鉴于共因事件对系统故障发生概率影响很大，共因故障使得冗余无效，所以在建树时必须妥善处理共因事件。

若某个故障事件是共因事件，则对故障树不同分枝中出现的该事件必须使用同一事件标号；若该共因事件不是底事件，必须使用相同转移符号简化表示。

故障树建成后，要检查几遍，尽可能把逻辑上冗余的不必要重复的部分删去，这样避免陷入故障事件及其可能组合的汪洋大海而不能自拔。当然，简化要经过慎重分析研究，对照工程实际，做出正确判断。

3.2.2 示例——输电网络故障树的建造

考虑图 3 - 5 所示输电网络，A 是发电站，B 和 C 是变电站，B、C 分别向各自的用户供电。共有五条高压输电线路，AB 之间和 BC 之间各有备用线路。电网失效的判据是：

1）C 中任何一站无输入，即该站停电；

2）B 和 C 站的负荷用单一条线路承担，则线路将因过载而失效。

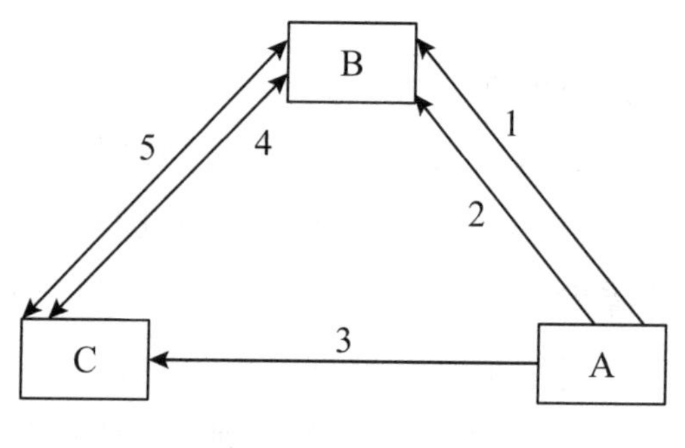

图 3 - 5 输电网

电网故障树的顶事件是系统失效。为简单起见，设长途高压输电线的失效对电网失效起主要作用，而发电站 A 和变电站 B、C 内有人值班，有故障可及时修复，近似地可忽略 A、B、C 站内故障。根据这个假设条件，划出了故障树的边界。显然可见，导致顶事件发生的直接原因有三：

1）变电站 B 无输入，即 B 区停电；

2）变电站 C 无输入，即 C 区停电；

3）B 和 C 两站由单一条输电线供电，造成线路过载而失效。

这三种情况有任一条或一条以上出现时，电网失效。所以它们和顶事件 E_1 之间用逻辑或门连接。

把这三条找全了，都弄清楚了，就可以再往下追溯一步。

变电站 B 无输入的事件 E_2 的必要而充分的直接原因，是线路 1 和 2 发生故障，同时变电站 C 不能向 B 调电（事件 E_5），这三条要同时存在，所以用逻辑与门连接到 E_2。

变电站 C 无输入的事件 E_3 的必要而充分的直接原因，是线路 3 发生故障，同时变电站 B 不能向 C 调电（事件 E_6），两者也应通过与门输入到 E_3。

B 和 C 站由单一条输电线供电的事件 E_4 的必要而充分的直接原因，显然是从发电站 A 出发的三条输电线 1、2、3 之中，有而且仅有任意二条出故障。所以用 2/3 表决门输入到 E_4。

这一层次分析完了后，可以再往下一层次。变电站 C 不能向 B 调电的事件 E_5 的必要而充分的直接原因有二：线路 3 故障，或者平衡线路 4 和 5 同时故障。变电站 B 不能向 C 调电的事件 E_6 的必要而充分的直接原因也有两种：线路 1 和 2 同时故障，或者平衡线路 4 和 5 同时故障。

总结以上的演绎分析结果，可以建成输电网络故障树，如图 3－6 所示。

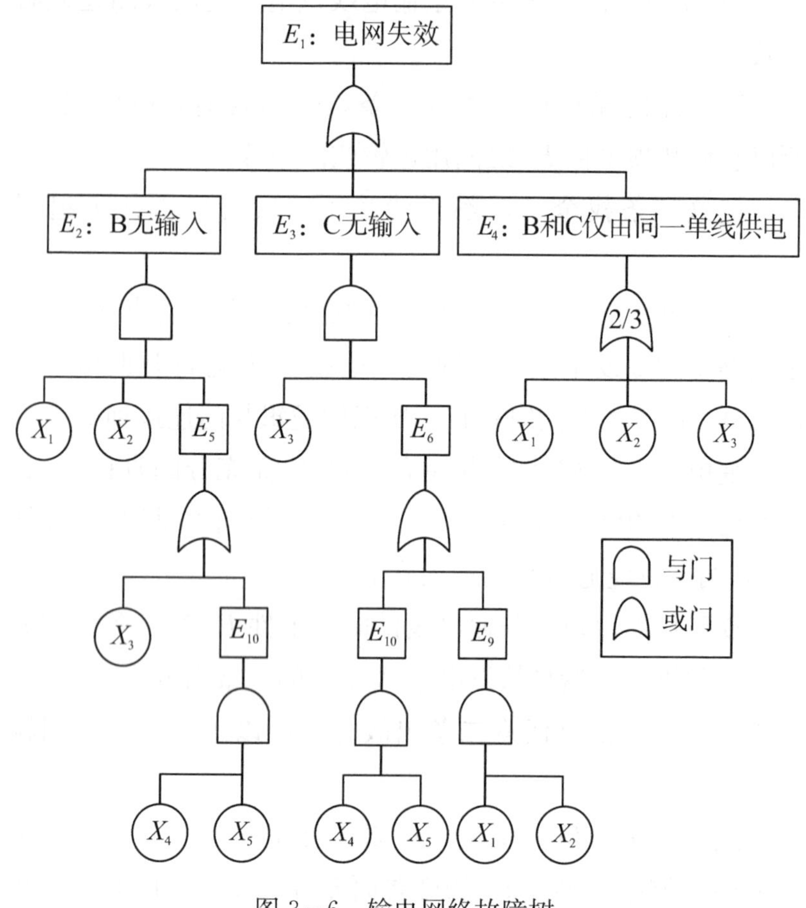

图 3-6　输电网络故障树

3.3　故障树表述

由于现实的系统错综复杂，建造出来的故障树也因人而异，大不相同。为了能用标准的程序对各种不同的故障树进行定性、定量分析，应将建好的故障树变为规范化的故障树，给出故障树数学描述，并尽可能对故障树进行简化和模块化，以便减少定性、定量分析工作量。

3.3.1　故障树规范化、简化和模块分解

规范化故障树是仅含有基本事件、结果事件（顶事件和中间事件）及“与”“或”“非”三种逻辑门的故障树。如果不含非门则称正规故障树，它具有单调关联性。含有非门的故障树是非单调关联故障树。

故障树简化是根据布尔代数吸收律、幂等律、互补律

$$X_A \cup X_A X_B = X_A$$

$$X_A \cup X_A = X_A$$

$$X_A X_A = X_A$$

$$X_A \overline{X_A} = \Phi$$

可以去掉故障树中明显的逻辑多余事件和逻辑多余门，来减少定性、定量分析工作量。

故障树模块分解是按照模块定义，找出故障树中尽可能大的模块。每个模块构成一棵模块子树，可以单独进行定性、定量分析。对每棵模块子树用一个等效的虚设事件表示，可以使原故障树规模（以逻辑门和底事件总数表示）缩小。模块化可以大大节省 FTA 工作量。

对图 3－6 故障树实行规范化，可以将“3 中取 2”表决门换成或门下面的三个与门来表示，如图 3－7 所示。

对图 3－7 所示故障树进行简化，可以看出 E_2 以下子树

对于 E_9 是逻辑多余的，E_3 以下 X_3E_9 相对于 E_9 也是逻辑多余的，因此简化故障树如图 3-8 所示。

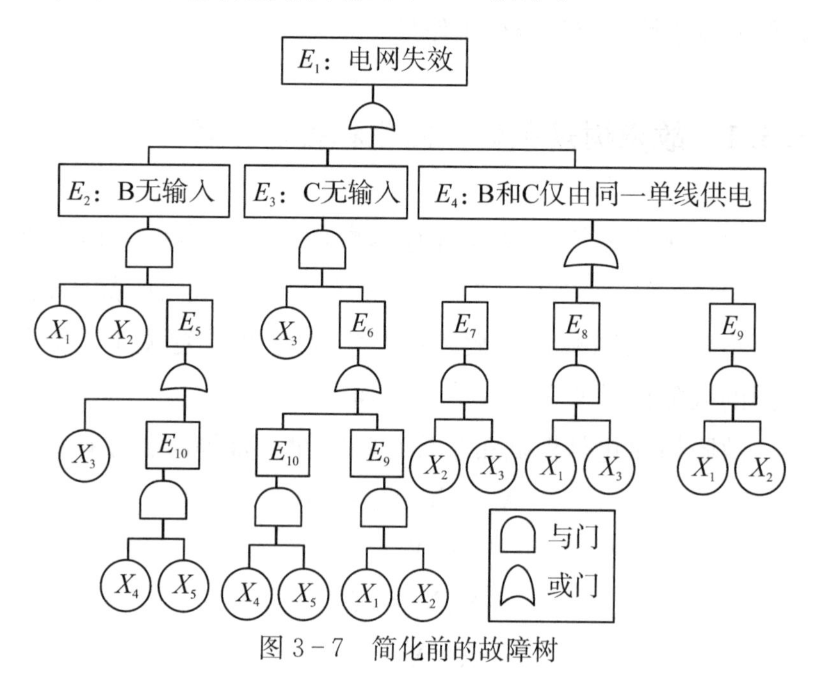

图 3-7　简化前的故障树

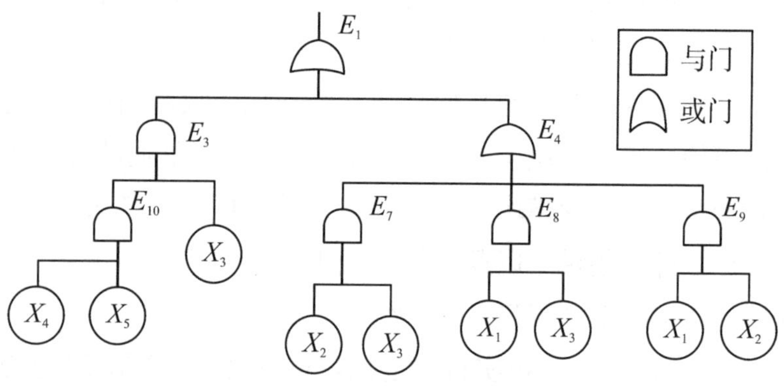

图 3-8　简化后的故障树

（建成故障树再简化时允许省去中间事件说明）

3.3.2 故障树数学描述和布尔代数规则

两状态故障树的结构函数定义为：

$$Y=\Phi(X_1, X_2, \cdots, X_n)=\Phi(\boldsymbol{X})=\begin{cases}1, & \text{若顶事件发生} \\ 0, & \text{若顶事件不发生}\end{cases}$$

其中 n 为故障树底事件数目，Y 为描述顶事件状态的布尔变量，X_1，X_2，…，X_n 为描述底事件状态的布尔变量，即

$$X_i=\begin{cases}1, & \text{当第 } i \text{ 个底事件发生} \\ 0, & \text{当第 } i \text{ 个底事件不发生}\end{cases}$$

$i=1, 2, \cdots, n$。

显然，Φ 是布尔函数，$\boldsymbol{X}$ 是 n 维布尔向量。为简单起见底事件 X_i 和它的状态变量用同一符号。

在所有底事件互相独立的条件下，顶事件发生的概率 Q 是底事件发生概率 q_1，q_2，…，q_n 的函数，称为故障概率函数

$$Q=Q(q_1, q_2, \cdots, q_n)$$

式中

$$Q=P_r[\Phi(\boldsymbol{X})=1]$$

$$q_i=P_r[X_i=1] \quad i=1, 2, \cdots, n$$

割集是单调故障树的若干底事件的集合，如果这些底事件都发生将导致顶事件发生。

最小割集（MCS）是其中所含的底事件数目不能再少的割集中去掉任何一个底事件之后，剩下的底事件集合就不是割集了。一个最小割集代表引起故障树顶事件发生的

一种故障模式。

对于单调故障树，若已知其所有最小割集为 C_1，C_2，…，C_r 则该故障树结构函数可以表示为

$$Y=\Phi(X_1,\ X_2,\ \cdots,\ X_n)=\bigcup_{k=1}^{r}C_k=\bigcup_{k=1}^{r}\bigcap_{i\in C_k}X_i$$

其中，每个最小割集用其中所有的底事件状态变量的布尔积表示。上式是单调故障树结构函数的积之和的最简单布尔表达式。

在两状态单调故障树定性、定量分析中需应用的布尔代数的若干规则（其中不交布尔代数规则只用于概率计算场合），参考本章附表 3－1。在多状态单调故障树定性、定量分析中需应用的布尔代数的若干规则（其中不交布尔代数规则只用于概率计算场合），参考本章附表 3－2。

3.4　定性分析

故障树定性分析的目的在于寻找导致事件的原因和原因组合，即识别顶事件所代表的所有系统故障模式。

正规故障树的系统故障模式用最小割集表示。定性分析是用下行法或上行法求出故障树的布尔视在割集(BICS)，再经布尔简化，得出故障树的所有最小割集。

3.4.1　下行法求最小割集

该方法特点是根据已经规范化的故障树（只有与、或

逻辑门）实际结构，从顶事件开始，逐级向下寻查，找出布尔视在割集。就上下相邻两级来看，与门只增加割集阶数（割集中的底事件数目），不增加割集个数；或门只增加割集个数，不增加割集阶数。所以在下行过程中，顺次将逻辑门的输出事件置换为输入事件。遇到与门就将其输入事件排在同一行，取输入事件的交（布尔积）；遇到或门就将其输入事件各自排成一行，取输入事件的并（布尔和），这样逐级下行直到全部换成底事件为止，得到故障树的布尔视在割集。再按照最小割集定义，通过两两比较，划去那些非最小割集，剩下的即为故障树的全部最小割集用图3－7所示故障树为例说明如下：

步骤1：顶事件 E_1 下面是或门，将其输入事件 E_2、E_3、E_4 各自排成一行；

步骤2：事件 E_2 下面是与门，将其输入 X_1、X_2、E_5 排在同一行；事件 E_3 下面是与门，将其输入 X_3、E_6 排成另一行；事件 E_4 下面是或门，将其输入 E_7、E_8、E_9 各自排成一行；

步骤3：事件 E_5 下面是或门，将其输入 X_3、E_{10} 各排成一行并分别与 X_1、X_2 组合成为 X_1、X_2、X_3；X_1、X_2、E_{10}：

事件 E_6 下面是或门，将其输入 E_{10}、E_9 各自排一行并分别与 X_3 组合成为 X_3、E_{10}；X_3、E_9；

事件 E_7 下面是与门，将其输入 X_2、X_3 写成同一行；

事件 E_8 下面是与门，将其输入 X_1、X_3 写成同一行；

事件 E_9 下面是与门，将其输入 X_1、X_2 写成同一行；

步骤 4：事件 E_{10} 下面是与门，将其输入 X_4、X_5 写成同一行，并与 X_1、X_2 组合成 X_1、X_2、X_4、X_5；

将 E_{10} 下面与门输入 X_4、X_5 和 X_3 组合成 X_3、X_4、X_5；

将 E_9 下面与门输入 X_1、X_2 和 X_3 组合成 X_1、X_2、X_3；至此，故障树的所有逻辑门的输出事件都已被处理，步骤 4 所得到的每一行都是一个割集，共得 7 个布尔视在割集。

步骤 5：进行两两比较：

因为 {X_1、X_2} 是割集，所以 {X_1、X_2、X_3}，{X_1、X_2、X_4、X_5} 和（X_3、X_1、X_2）都不是最小割集，应当删去，所以最后求得全部最小割集 4 个

{X_3、X_4、X_5}

{X_2、X_3}

{X_1、X_3}

{X_1、X_2}

上述步骤可表示为

步骤 1	步骤 2	步骤 3	步骤 4	步骤 5
$E_1 \to E_2$	X_1、X_2、E_5	X_3、X_1、X_2	X_1、X_2、X_3	X_3、X_4、X_5
E_3	X_3、E_6	X_1、X_2、E_{10}	X_1、X_2、X_4、X_5	X_2、X_3
E_4	E_7	X_3、E_{10}	X_3、X_4、X_5	X_1、X_3
	E_8	X_3、E_9	X_3、X_1、X_2	X_1、X_2
	E_9	X_2、X_3	X_2、X_3	
		X_1、X_3	X_1、X_3	
		X_1、X_2	X_1、X_2	

故障树结构函数可表示为

$$\boldsymbol{\Phi}=(X_1、X_2、X_3、X_4、X_5)=X_3X_4X_5\cup X_2X_3\cup X_1X_3\cup X_1X_2$$

3.4.2　上行法求最小割集

上行法是从底事件开始，自下而上逐步地进行事件集合运算，将或门输出事件表示为其输入事件的并（布尔和），将与门输出事件表示为输入事件的交（布尔积）。这样向上层层代入，在逐步代入过程之中或之后，按照布尔代数吸收律和幂等律来化简，将顶事件表示成底事件积之和的最简式。其中每一个积项对应于故障树的一个最小割集，全部积项即是故障树的所有最小割集。

对于图3-7所示故障树用上行法求最小割集：

$E_{10}=X_4X_5$

$E_9=X_1X_2$

$E_8=X_1X_3$

$E_7=X_2X_3$

$E_6=E_9\cup E_{10}=X_1X_2\cup X_4X_5$

$E_5=X_3\cup E_{10}=X_3\cup X_4X_5$

$E_4=E_7\cup E_8\cup E_9=X_2X_3\cup X_1X_3\cup X_1X_2$

$E_3=X_3E_6=X_3X_1X_2\cup X_3X_4X_5$

$E_2=X_1X_2E_5=X_1X_2X_3\cup X_1X_3X_4X_5$

$E_1=E_2\cup E_3\cup E_4=X_1X_2X_3\cup X_1X_2X_4X_5\cup X_3X_1X_2\cup X_3X_4X_5\cup X_2X_3\cup X_1X_3\cup X_1X_2=X_3X_4X_5\cup X_2X_3\cup X_1X_3\cup X_1X_2$

最后得到与下行法相同的 4 个最小割集和故障树结构函数。

如果我们直接对图 3 - 8 简化故障树求最小割集，结果也完全一致，从而说明早期简化可以显著节省 FTA 工作量。

3.4.3 定性分析结果的应用

故障树定性分析的结果是求得的全部最小割集。它的基本用途在于识别导致顶事件的所有可能的系统故障模式。这种基于严格演绎逻辑求得的系统故障模式和根据系统故障履历或个人经验所得到的认识有原则性差别：后者限于事后经验，前者可以事前推理；后者可能有所遗漏，前者在原则上可以保证完整性。因而有助于判明潜在的故障，避免遗漏重要的“想不到的”系统故障模式，有助于指导故障诊断和制定使用维修方案。故障树定性分析是进一步定量分析的基础，如果能够对故障树中各个底事件发生概率作出推断，接下来应当进行故障树定量分析。

在工程上往往遇到数据不足的情形，在这种条件下，定性分析还是有用的，不但可以识别导致顶事件的所有可能的故障模式，还可以进行定性比较。根据每个“底事件最小割集”所包含事件数目（阶数）排序。假设各个底事件（故障事件）发生概率都比较小，彼此的差别相对不大，则在此假设条件下，阶数越低的最小割集越重要；在低阶最小割集中出现的底事件比高阶最小割集中的底事件重要；

在考虑最小割集阶数的条件下，在不同最小割集中重复出现次数越多的底事件越重要。这样可以定性分析系统中的薄弱环节。为了节省分析工作量，在工程上可以忽略阶数大于指定值的最小割集来近似分析。而所有的一阶最小割集都是“单点失效”环节，单个底事件即可导致顶事件发生，所以危害最大，必须重点分析，采取对策。

以上得到图3-7所示故障树的四个最小割集，代表系统的四种故障模式，其中有三个最小割集的阶数为2，一个最小割集的阶数为3。因为根据现有数据还不足以推断各条线路的失效概率值，所以不能做进一步的定量分析，此时应做以下定性比较：

三个2阶最小割集的重要性较大，一个3阶最小割集的重要性较小；从单元重要性来看，线路3最重要，因为X_3在三个最小割集中出现；线路1、2的重要性次之，因为X_1、X_2各在二个最小割集中出现；线路4、5的重要性最小，因为X_4、X_5只在一个三阶最小割集中出现。

根据这些定性分析结果：

1）如果仅知输变电网络出了故障，原因待查，那么首先应检查线路3，再检查线路1和2，最后检查线路4和5；

如果已知网络状态是B站不能向负荷供电，而C站仍能供电，那么根据图3-7所示故障树结构，不经检查可以判定线路1、2、4、5都出了故障，修理次序应先修线路1或2，后修其他；

如果C站不能供电而B站仍能供电，则从故障树可以判定线路3、4、5出了故障。此时应当先修线路3，后修线路 4、5。

这样，故障树定性分析结果可以指导故障诊断，并有助于制定维修方案和确定维修次序。

2）为了改进系统，从上述定性分析结果可以得到重要启示：提高系统可靠性的关键在于提高三个二阶最小割集的阶数和加强对于线路 3 的备份。因此 A、C 站之间应增设备用线路 6，如图 3－9 所示。它可以同时达到提高最小割集阶数的目的。

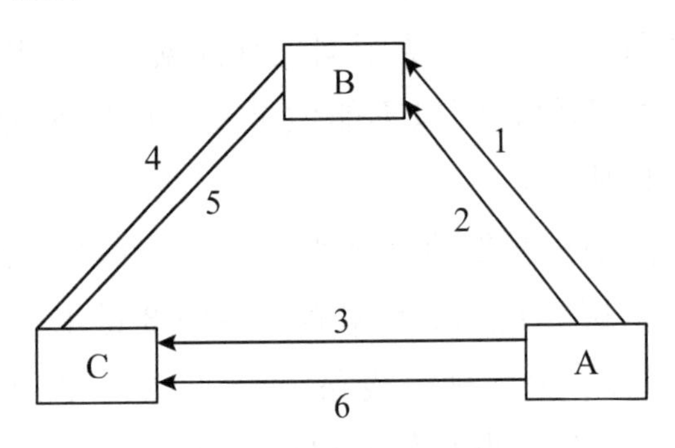

图 3－9　增设备用线路 6 后的输电网

若对图 3－9 所示系统建故障树并进行定性分析可得全部最小割集为

$$\{X_1、X_2、X_3\}、\{X_1、X_2、X_6\}、\{X_1、X_3、X_6\}、$$
$$\{X_2、X_3、X_6\}、\{X_3、X_6、X_4、X_5\}、$$
$$\{X_1、X_2、X_4、X_5\}$$

显而易见，通过改进，系统可靠性将得到显著提高。

3）如果系统的改进受投资的约束，上述 A、B、C 各站之间都用备份线路的方案（图 3－9）投资过大，那么根据此方案的定性分析结果，二个 4 阶最小割集的重要性较小，所以可以取消线路 4 或线路 5 以节省投资，此时系统结构如图 3－10 所示。

图 3－10 所示系统的故障树有六个 3 阶最小割集，和图 3－5 所示原系统的三个 2 阶最小割集加一个 3 阶最小割集相比较，显然图3－10所示系统的失效概率更低，可靠性更高。这就说明，故障树定性分析结果可以有助于系统方案的比较和论证，指导投资的合理分配。当然，这是在工程判断基础上，根据故障树定性比较结果，得出的提示性意见。实际系统的优化设计应当进一步调查研究，综合考虑可靠性和其他经济和技术因素，然后再做决策。

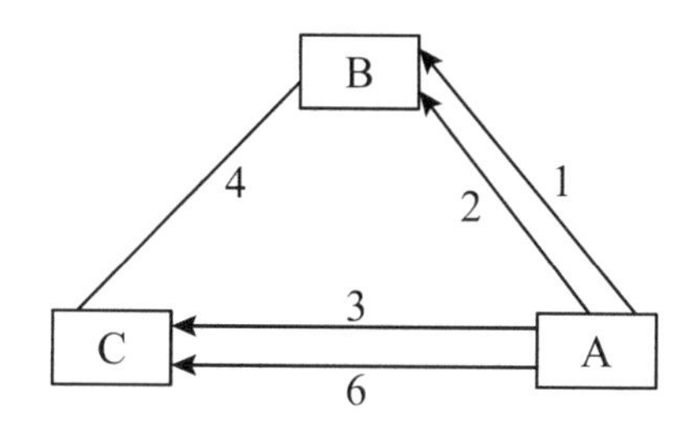

图 3－10　取消线路 4 或线路 5 的系统结构

3.5　定量分析

故障树定量分析包括两方面的任务，就是在底事件互相独立和已知底事件发生概率的条件下，求顶事件发生概率（即以顶事件为判据的系统失效概率）和计算底事件（部件）重要度。

3.5.1　计算顶事件发生概率

前面已经介绍了故障树结构函数和故障概率函数，说明函数可以用全部最小割集表示为积之和最简布尔表达式。就是说，顶事件等于全体最小割集的并事件，只要有一个或一个以上最小割集中所有底事件都发生，则顶事件必发生。假设最小割集中底事件互相独立，那么底事件概率乘积就等于那个最小割集事件发生的概率（根据概率论乘法定理）。但由于各个最小割集是互不相容的，有些最小割集还含有相同的底事件，所以全体最小割集的并事件（顶事件）发生概率不能简单地等于各个最小割集发生概率的和。如用容斥公式计算，其项数随最小割集个数的指数增长，计算量太大。一般要把全体最小割集不交化，化为两两互斥的，然后才能把它们的概率直接相加得到顶事件发生概率（根据概率论加法定理，互不相容事件的并事件概率等于各项概率相加），这过程中就要使用不交布尔代数作为工具。

通过求全部最小割集的不交和来计算顶事件发生概率准确值是比较麻烦的。这里介绍工程常用的一些近似计算方法。

第一种近似办法是忽略高阶最小割集后，通过求不交和近似计算顶事件发生概率。

图 3－7（图 3－8）所示故障树忽略三阶最小割集后有

$$\Phi(\boldsymbol{X})=X_1X_2\cup X_1X_3\cup X_2X_3$$

求不交和得

$$\Phi(\boldsymbol{X})=X_1X_2+\overline{X_1X_2}X_1X_3+\overline{X_1X_2}\ \overline{X_1X_3}X_2X_3$$
$$=X_1X_2+\overline{X}_2X_1X_3+\overline{X}_1X_2X_3$$

记各条线路故障概率为 q_i，$i=1, 2, 3, 4, 5$，并设 $q_i=0.01$，则可算出故障概率函数

$$Q=P_r[\Phi(\boldsymbol{X})=1]=q_1q_2+(1-q_2)q_1q_3+(1-q_1)q_2q_3=0.000\ 298$$

可以验证顶事件发生概率 Q 的准确值（用全部最小割集的不交和计算）为 0.000 298 98，经比较可见误差很小。

下面介绍的第二、第三种近似计算办法，不必计算不交和。

第二种办法叫作独立近似。根据经验。如果每个底事件发生概率<0.1，就可以把所有最小割集近似看成相互独立的，那么图 3－7 所示故障树的顶事件发生概率 Q 可近似为

$$\because 1-Q\approx(1-q_1q_2)(1-q_2q_3)(1-q_1q_3)(1-q_3q_4q_5)=0.999\ 699\ 03$$

$$\therefore Q\approx 0.000\ 300\ 97$$

和准确值相比误差为＋0.67％。

第三种办法叫作相斥近似。如果每个底事件发生概率<0.01，那么进一步把各个最小割集近似看成相斥的，根据互斥事件概率加法定理，顶事件发生概率等于各个最小割集发生概率的和。图 3－7 所示故障树顶事件发生概率取相斥近似为

$$Q\approx q_1q_2+q_2q_3+q_1q_3+q_3q_4q_5$$

$$\approx 0.000\ 301$$

它和准确值相比误差为+0.68%。

独立近似和相斥近似的误差都很小，免除了把最小割集不交化的工作量，相斥近似的计算尤为简便。

对于图 3-9 所示的改进电网系统的故障树，用相斥近似计算其顶事件发生概率得（设 $q_i=0.01$，$i=1$，2，3，4，5，6）

$$Q_{改} \approx q_1q_2q_3+q_1q_2q_6+q_1q_3q_6+q_2q_3q_6+q_3q_4q_5q_6+ q_1q_2q_4q_5=0.000\ 004\ 02$$

与图 3-7 所示故障树的相斥近似计算结果对比可见，改进系统的顶事件发生概率减小 75 倍。

对于可修系统故障树，可以由结构函数将底事件不可用度综合为顶事件不可用度等指标，具体方法需参考有关文献。

3.5.2 计算重要度

为简单起见，以只求图 3-7 所示故障树的重要度作为示例。

（1）概率重要度

第 i 个底事件的概率重要度为

$$I_p(i)=\frac{\partial Q}{\partial q_i},\ i=1,2,3,4,5$$

利用取相斥近似的 Q 表达式求偏微商进行近似计算，把所有 q 值为 0.01 代入算得表 3-1。

表3-1　底事件概率重要度

$I_p(1)$	$I_p(2)$	$I_p(3)$	$I_p(4)$	$I_p(5)$
0.02	0.02	0.020 1	0.000 1	0.000 1

（2）相对概率重要度

由定义

$$I_c(i)=\left(\frac{\partial Q}{\partial q_i}\right)\frac{q_i}{Q},\ i=1,\ 2,\ 3,\ 4,\ 5$$

可以求得各个底事件的相对概率重要度如表3-2所示。

表3-2　底事件相对概率重要度

$I_c(1)$	$I_c(2)$	$I_c(3)$	$I_c(4)$	$I_c(5)$
0.664 452	0.664 452	0.667 774	0.003 322	0.003 322

以上概率重要度是说明降低底事件概率对于降低顶事件概率的贡献大小。

由表3-1可见 X_3 的概率重要度最大，X_4 和 X_5 的概率重要度最小，这和上节定性分析结果是一致的。

概率重要度虽然反映了单元概率变化对于顶事件概率的贡献，但是不能反映出不同单元故障概率改进的难易程度差别，所以又定义了相对概率重要度。它等于第 j 个单元（底事件）故障概率变化率所引起的系统故障概率变化率。它可以反映出以下事实：改善一个不大可靠的部件容易，而改善一个已经可靠的部件难。

表3-2中底事件相对概率重要度排序和表3-1中概率重要度排序完全一致，那是因为我们为了叙述简单，取所有 $q_i=0.01$ 的缘故。

$I_p(i)$ 和 $I_c(i)$ 的计算需要 q_i 数据和 Q 的计算结果，

属于定量分析的范畴。

（3）结构重要度

底事件结构重要度，说明底事件在故障树结构中所处地位的重要程度，而与该底事件发生概率大小无关。所以结构重要度的计算应当属于定性分析的范畴。

设 j 是单调关联故障树中第 j 个底事件，$\boldsymbol{\Phi}(\boldsymbol{X})$ 是故障树结构函数，若对某向量（j，$\boldsymbol{X}$）有

$$\boldsymbol{\Phi}(1_j, \boldsymbol{x})-\boldsymbol{\Phi}(0_j, \boldsymbol{x})=1$$

其中 $\boldsymbol{\Phi}(1_j, \boldsymbol{x})=\boldsymbol{\Phi}(X_1, X_2, \cdots, X_{j-1}, 1, X_{j+1}, \cdots, X_n)$

$\boldsymbol{\Phi}(0_j, \boldsymbol{x})=\boldsymbol{\Phi}(X_1, X_2, \cdots, X_{j-1}, 0, X_{j+1}, \cdots, X_n)$

则底事件 j 在（j，$\boldsymbol{x}$）这种情形下是一个关键单元，符号“j”表示第 j 单元，状态变量 X_j 取值 0 或 1，（j，$\boldsymbol{X}$）是 j 的一个关键向量，后者的总数为

$$n_j=\sum_{(\boldsymbol{X}|X_j=1)}[\Phi(1_j, \boldsymbol{X})-\Phi(0_j, \boldsymbol{X})]$$

当 $X_j=1$ 时，（1_j，$\boldsymbol{X}$）最多有 2^{n-1} 种可能组合，n 为底事件总数。由此可以定义底事件 j 的结构重要度为

$$I_{\Phi}(j)=\frac{1}{2^{n-1}}n_j$$

当每个底事件的发生概率都等于 1/2 时，每个向量（1_j，$\boldsymbol{X}$）和（0_j，$\boldsymbol{X}$）发生的概率都是 $1/(2^{n-1})$，所以 j 的概率重要度为

$$I_p(j)=\frac{\partial Q}{\partial q_j}=E[\Phi(1_j, \boldsymbol{X})-\Phi(0_j, \boldsymbol{X})]$$

$$=\sum_{(\boldsymbol{X}|X_j=1)}[\Phi(1_j, \boldsymbol{X})-\Phi(0_j, \boldsymbol{X})]\frac{1}{2^{n-1}}=I_{\Phi}(j)$$

就是说，在假设每个底事件发生概率都等于 1/2 的条件下，底事件 j 的概率重要度等于它的结构重要度。工程上总是利用这一性质从概率重要度表达式来计算结构重要度。注意，此时 Q 表达式不能用近似式，因与 q_i 取 1/2 相矛盾。

对于图 3－7 所示故障树，由

$$I_{\Phi}(i)=I_{p}(i)，当 \forall q_i=\frac{1}{2}$$

可以计算出底事件的结构重要度如表 3－3 所示。

表 3－3　底事件结构重要度

$I_{\Phi}(1)$	$I_{\Phi}(2)$	$I_{\Phi}(3)$	$I_{\Phi}(4)$	$I_{\Phi}(5)$
0.5	0.5	0.562 5	0.062 5	0.062 5

3.6　计算机辅助故障树定性、定量分析程序简介

各类系统功能在不断提高，所含部件愈来愈多，系统复杂度不断增大，手工分析故障树已不能胜任，必须采用计算机辅助分析。下面对清华大学核能所最近推出的 THSFTA《超级汉化故障树定性、定量分析软件包》作简要介绍。

THSFTA 的主要模块包括用户管理模块、数据编辑模块、故障树排版模块、求 MCS 模块、不确定性和重要度分析模块和计算参数设置模块等，辅助模块主要完成计算结果显示和打印输出等。图 3－11 给出 THSFTA 使用流程图。

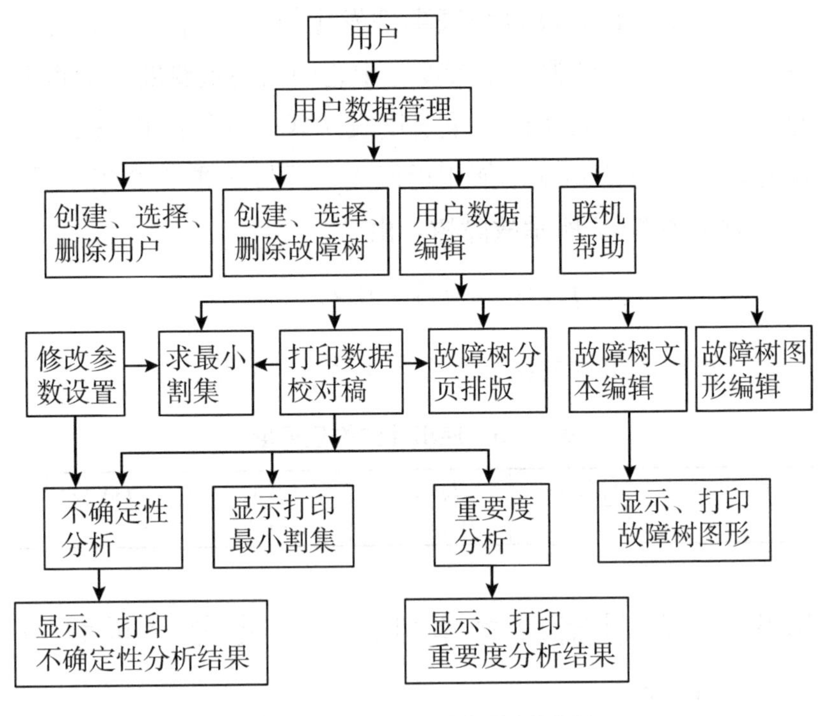

图 3-11　THSFTA 使用流程

下面对主要模块功能作简要说明。

1）用户数据管理。采用下拉式菜单驱动的汉化用户界面，可由键盘或鼠标驱动。

一体化的数据管理，包括对故障树按用户分组管理，并可对故障树进行创建、选择、删除、复制和打印等基本操作。此外，提供自动的内部数据转换，并控制用户的使用流程。

用户数据管理分为两级，第一级是“用户”，第二级是“故障树”。“用户”可以是个人项目小组。每个“用户”可以对属于他的一个或多个“故障树”进行管理、编辑和分析。

2）用户数据编辑。数据编辑是 THSFTA 与用户的主要界面，是数据输入的通道，所谓数据主要是指用户对故障树和相关失效数据的定义。

THSFTA 为用户提供两种编辑方式，第一种是用传统的故障树文本格式进行编辑，第二种是用新颖的图形方式进行编辑。

3）故障树分页排版。大型故障树可以进行自动分页排版，目的是生成精美的故障树插图，供用户编写报告使用。在排版之前，THSFTA 内部先对故障树建树或输入时产生的逻辑或语法进行错误检查。

排版完毕后可以在屏幕上显示结果，需要时也可以在点阵打印机或激光打印机上输出高质量的汉化故障树图形。

4）生成最小割集，即故障树定性分析。这是 THSFTA 的核心模块。可选用三种算法：下行法、上行法、混合算法。可以按割集概率或割集阶数对割集进行截断（忽略一部分），用户可根据需要设置。

5）求顶事件分布的参数，即故障树不确定性（传播）分析。使用 Monte－Carlo 方法，可求出顶事件所代表的系统不可用度在不同置信度下的置信限、频率直方图、分布均值和方差。可接受的底事件分布是：对数正态、威布尔、伽马、贝塔、对数伽马。

6）求底事件重要度：概率重要度、相对概率重要度（亦称关键重要度）和结构重要度。

7）显示、打印计算结果。

8）设置各种计算参数模拟。

3.7 FTA 应用示例之一——导弹在发射筒中的自毁故障树分析

本节运用 FTA 技术对一种导弹的安全自毁系统进行可靠性分析。在庞杂的导弹武器系统中，安全自毁分系统较为简单，但是它的重要性却不逊于其他重要的分系统。众所周知，如果导弹在工作中发生爆炸，则安全自毁系统的工作是否正常，就是人们关心的热点，所以有必要对这样的系统运用 FTA 技术进行完备和充分的分析。

鉴于整个安全自毁系统的故障树太大，它包含多个重要的故障模型。为此，在不影响本节需要阐明的要旨情况下，仅选取该系统故障树的一个重要失效模式——导弹在发射筒中误自毁进行故障树分析。这样的分析旨在给出一个导弹武器系统 FTA 具体示例，阐明如何通过建造故障树，定性分析和定量分析发现系统的薄弱环节，进而针对薄弱环节修改设计，达到提高可靠性的目的。

3.7.1 系统功能概述

系统发射出筒后，在飞行中出现故障时，安全自毁系统须按要求使故障弹自毁，同时决不允许由于安全自毁系统本身故障将正常飞行的导弹或处于待发射状态下的导弹炸毁，这是安全自毁系统的基本功能。

该安全自毁系统主要由地面 CAMAC 自动检测装置、弹上自毁保险机构、自毁控制器和自毁爆炸装置四部分组成，如图 3－12 所示，其中自毁保险机构和自毁控制器是相互独立的两个装置。

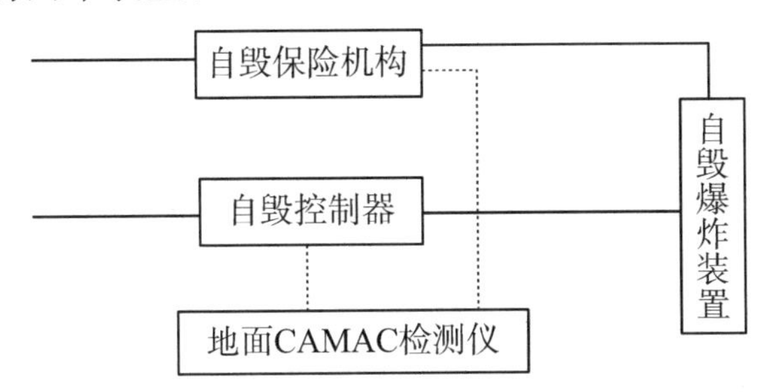

图 3－12　安全自毁系统功能框图

当导弹在飞行中按要求执行自毁任务时，弹上自毁保险机构先解除保险，使自毁爆炸装置完全受控于自毁控制器，随后自毁控制器发出引爆信号，命令自毁爆炸装置起爆，从而完成炸毁故障弹的自毁任务。

众所周知，导弹在发射前，地面须进行各种检测和准备工作，在这段时间里，本系统的自毁控制器没有开始工作，弹上自毁保险机构也处于保险状态，以保证导弹在发射筒中的安全，这时地面通过 CAMAC 检测程序对本系统进行模拟发射和模拟飞行测试，在检测完毕且全部正常之后，进行自毁爆炸装置对接。此时，通过具有两对电接点的固态继电器 JGX－1M 实现在发射前断开地面发出的启动指令和封锁弹上启动程序，其目的是防止误操作或测试程序误启动，实现地面封锁，这是避免发生导弹在发射筒中误自毁的灾难性事故的进一步防范措施。

3.7.2 顶事件及有关约定

安全自毁系统失效的表现形式有多种，当导弹发射前的各种测试和准备工作完毕后在发射筒中处于待发射状态，这时如果由于本系统的故障或误操作引起导弹在发射筒中爆炸，这是一种灾难性的失效形式，通常称为导弹在发射筒中误自毁。根据需要，这里将导弹在发射筒中误自毁确定为顶事件，运用演绎法建造故障树。

这里在建造该故障树之前，假定导线、连接器、机械结构、火工品、按键和旋钮不会失效，电源供电正常，不考虑雷击等自然气候条件的影响，仅分析到器件为止，凡此种种即所谓该故障树的边界条件。

建造该故障树的初始条件是，导弹处于发射筒中，地面检测完毕且一切正常，此时发射预令没有发生，脱落插头还未脱落，地面对弹上的供电电源没有切断。

故障的判定，以是否合乎技术条件规定的性能指标为准。

此外，读者可能会发现，在该故障树的左侧两枝中的不展开事件是人为的限制。在此说明，这样做的目的是为了避免本故障树过分复杂，以致影响要阐述的主题。

3.7.3 建造故障树

由上述系统功能的介绍可知，当地面封锁失效，弹上自毁保险机构失效，且自毁控制器误发引爆信号时，就会导致导弹在发射筒中误自毁，如此繁衍下去，正确运用逻辑门联系起来，从而构成以导弹在发射筒中误自毁为顶事件的故障树，如图3－13所示。

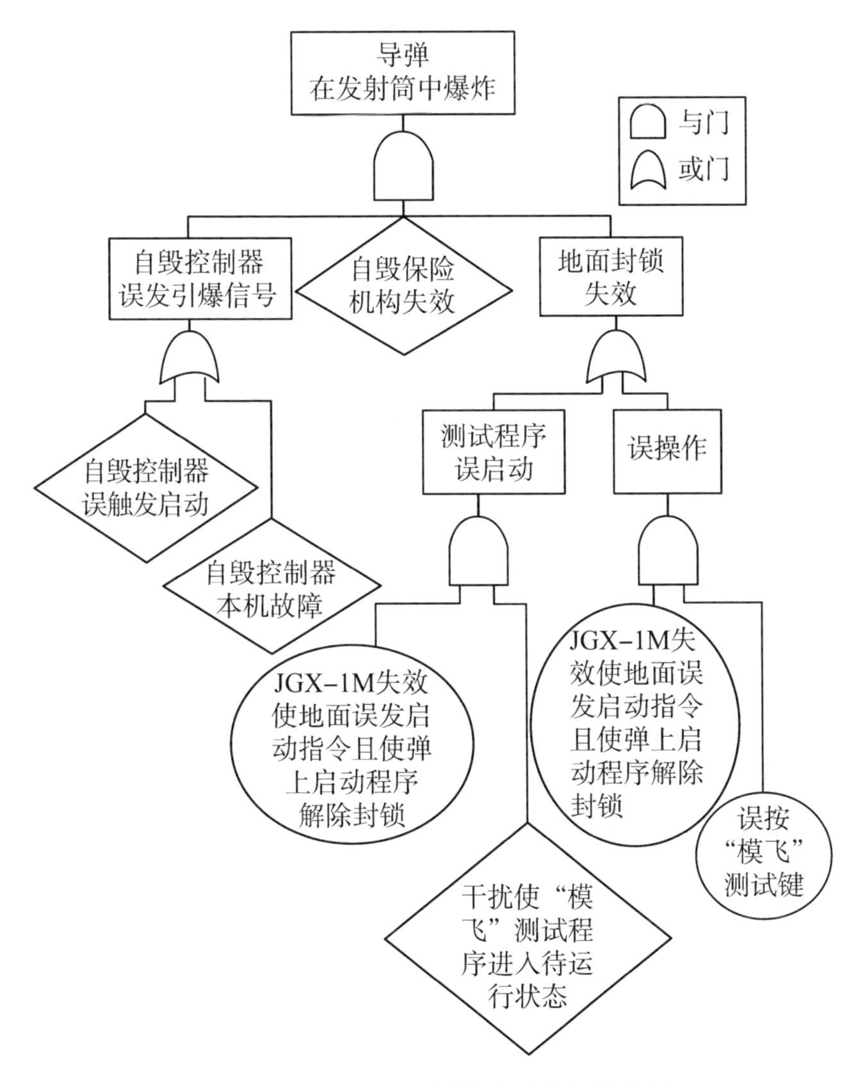

图3－13　导弹在发射筒中误自毁故障树

为了便于进行故障树的定性分析和定量分析，须将图 3－13 的故障树的事件根据规定编号，简化成图 3－14。

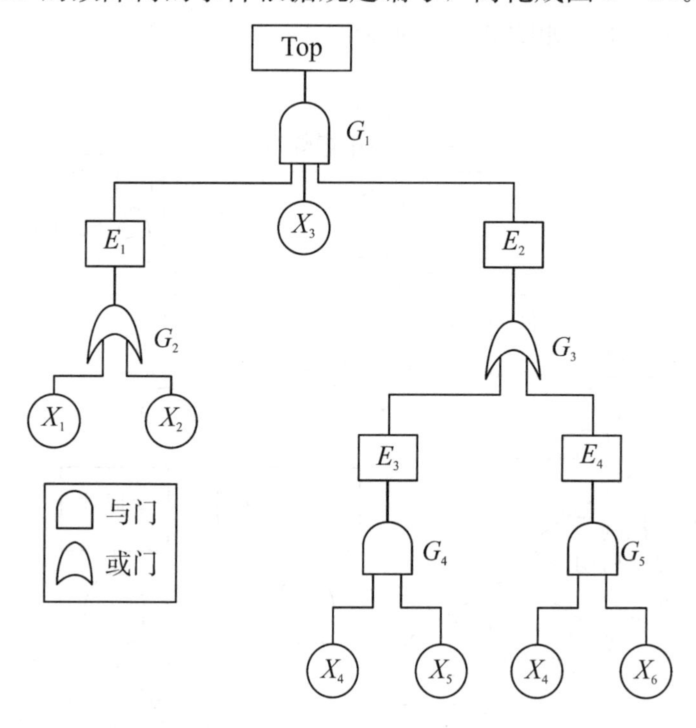

图 3－14　示于图 3－13 的故障树的简化

在简化的故障树中：

Top——顶事件（导弹在发射筒中爆炸）；

E_1——自毁控制器误发引爆信号；

E_2——地面封锁失效；

E_3——测试程序误启动；

E_4——误操作；

X_1——自毁控制器误触发启动；

X_2——自毁控制器本机故障；

X_3——自毁保险机构失效；

X_4——固态继电器 JGX - 1M 失效使地面误发启动指令且解除弹上启动程序的封锁；

X_5——干扰使模拟飞行测试程序进入待运行状态；

X_6——误按模拟飞行测试键。

在建造的故障树中，共有 4 个中间事件：E_1、E_2、E_3、E_4，底事件共有 6 个，即：X_1、X_2、X_3、X_4、X_5、X_6。

3.7.4　定性分析

运用 3.4 节介绍的两种方法的任何一种，均可求出本故障树的最小割集。

$\{X_1、X_3、X_4、X_5\}$，$\{X_1、X_3、X_4、X_6\}$，

$\{X_2、X_3、X_4、X_5\}$，$\{X_2、X_3、X_4、X_6\}$

这 4 个最小割集都是 4 阶割集，不难发现在 6 个底事件中，底事件 X_3 和 X_4 出现次数最多，均高达 4 次，每个最小割集都包含事件 X_3 和 X_4。

定性分析表明，底事件 X_3 和 X_4 即自毁保险机构失效和固态继电器 JGX - 1M 失效，均应引起设计师高度重视，它们可能是安全自毁系统中隐藏的薄弱环节，为严密起见，待定量分析后再进行讨论。

3.7.5　定量分析

由建树的过程可知，本故障树中的全部 6 个底事件 X_1，

X_2，…，X_6 是相互独立的，它们发生的概率对应地记作 q_1，q_2，…，q_6，这里通过获得的最小割集，计算顶事件 Top 发生的概率以及各个底事件的重要度。

（1）计算顶事件发生概率

根据上述的全部最小割集，可以得到顶事件 Top 的布尔表达式：

$$\text{Top}=(X_1X_3X_4X_5)\cup(X_1X_3X_4X_6)\cup(X_2X_3X_4X_5)\cup(X_2X_3X_4X_6)$$

很明显，4 个最小割集中有重复出现的底事件，也就是说最小割集之间是相交的，而且这里是两两相交，为了计算顶事件 Top 发生的概率，通过集合运算使上式的相交和化为不交和：

$$\begin{aligned}\text{Top}&=X_3X_4(X_1X_5\cup X_1X_6\cup X_2X_5\cup X_2X_6)\\&=X_3X_4[X_1(X_5\cup X_6)\cup X_2(X_5\cup X_6)]\\&=(X_1\cup X_2)(X_5\cup X_6)X_3X_4\\&=(X_1+\overline{X}_1X_2)(\overline{X}_5+\overline{X}_5X_6)X_3X_4\\&=X_1X_3X_4X_5+\overline{X}_1X_2X_3X_4X_5+X_1X_3X_4\overline{X}_5X_6+\\&\quad\overline{X}_1X_2X_3X_4\overline{X}_5X_6\end{aligned}$$

显然这里的“+”是不同于∪的不交和，由于和不相交且底事件相互独立，则顶事件 Top 所发生的概率为

$$\begin{aligned}P(\text{Top})&=Q(q_1,\ q_2,\ \cdots,\ q_6)\\&=P(X_1X_3X_4X_5)+P(\overline{X}_1X_2X_3X_4X_5)+P(X_1X_3X_4\overline{X}_5X_6)+\\&\quad P(\overline{X}_1X_2X_3X_4\overline{X}_5X_6)\\&=q_1q_3q_4q_5+(1-q_1)q_2q_3q_4q_5+q_1q_3q_4(1-q_5)q_6+\\&\quad(1-q_1)q_2q_2q_4(1-q_5)q_6\end{aligned}$$

根据资料、经验和工程实际背景确定出底事件发生的

概率为

$$q_1=1\times10^{-2}$$

$$q_2=5\times10^{-2}$$

$$q_3=0.5\times10^{-2}$$

$$q_4=5\times10^{-2}$$

$$q_5=1\times10^{-2}$$

$$q_6=0.5\times10^{-2}$$

从而求得顶事件 Top 即导弹在发射筒中爆炸的概率为

$$Q(q_1,\ q_2,\ q_3,\ \cdots,\ q_6)=2.223\ 812\ 5\times10^{-7}$$

本例四个最小割集都是四阶的，以上用不交和计算顶事件发生概率是准确结果，但比较繁。若用近似法计算，不能用忽略高阶最小割集的办法，下面用“独立近似”计算作为比较。

$$1-Q=(1-q_1q_3q_4q_5)(1-q_1q_3q_4q_6)*(1-q_2q_3q_4q_5)(1-q_2q_3q_4q_6)$$

$$=0.999\ 999\ 776$$

$$Q\approx2.24\times10^{-7}$$

与准确计算结果近似。

若用“相斥近似”法计算为

$$Q\approx q_1q_3q_4q_5+q_1q_3q_4q_6+q_2q_3q_4q_5+q_2q_3q_4q_6=2.25\times10^{-7}$$

结果仍相近。

（2）计算重要度

运用本章 3.5 节介绍的方法和给定的底事件发生的概率，分别求出每个底事件的三种重要度。

首先，计算底事件的概率重要度。

$$I_1P=\frac{\partial Q}{\partial q_1}=(1-q_2)q_3q_4[q_5+(1-q_5)q_6]$$

$$=3.550\ 625\times10^{-6}$$

$$I_2P=\frac{\partial Q}{\partial q_2}=(1-q_1)q_3q_4[q_5+(1-q_5)q_6]$$

$$=3.700\ 125\times10^{-6}$$

$$I_3P=\frac{\partial Q}{\partial q_3}=[q_1+(1-q_1)q_2]q_4[q_5+(1-q_5)q_6]$$

$$=4.447\ 625\times10^{-5}$$

$$I_4P=\frac{\partial Q}{\partial q_4}=[q_1+(1-q_1)q_2]q_3[q_5+(1-q_5)q_6]$$

$$=4.447\ 625\times10^{-6}$$

$$I_5P=\frac{\partial Q}{\partial q_5}=[q_1+(1-q_1)q_2]q_3q_4(1-q_6)$$

$$=1.480\ 062\ 5\times10^{-5}$$

$$I_6P=\frac{\partial Q}{\partial q_6}=[q_1+(1-q_1)q_2]q_3q_4(1-q_5)$$

$$=1.472\ 625\times10^{-5}$$

明显可见，底事件 X_3 的概率重要度 I_3P 偏高，这表明，X_3 发生的概率大小，对顶事件 Top 发生的可能性有重要影响，此为概率重要度分析给出的提示。

其次，利用求出的底事件概率重要度表达式，令 $q_i=1/2(i=1, 2, \cdots, 6)$，则得这个底事件的结构重要度：

$$I_1S=\frac{\partial Q}{\partial q_1}\bigg|_{q_i=\frac{1}{2}}=\frac{3}{32}\quad(i=1,2,\cdots,6)$$

$$I_3S=\frac{\partial Q}{\partial q_3}\bigg|_{q_i=\frac{1}{2}}=\frac{9}{32}\quad(i=1,2,\cdots,6)$$

$$I_2S=\frac{3}{32},\ I_4S=\frac{9}{32},\ I_5S=\frac{3}{32},\ I_6S=\frac{3}{32}$$

在求得的结构重要度中，$I_3S=I_4S=9/32$ 二者并列第一，均系其他的 3 倍。由此可见在系统结构中底事件 X_3 和 X_4 所处的位置是同等而且重要的，这是结构重要度分析提出的结论。

最后，将求出的底事件概率重要度乘以 q_i/Q，（$i=1$，2，…，6)，则得到底事件的相对概率重要度

$$I_1C=\frac{q_1}{Q}I_1P=\frac{1\times10^{-2}}{2.2238125\times10^{-7}}\times3.550625\times10^{-6}$$

$$=1.5966386\times10^{-1}$$

$$I_2C=\frac{q_2}{Q}I_2P=\frac{5\times10^{-2}}{2.2238125\times10^{-7}}\times3.700125\times10^{-6}$$

$$=8.3193277\times10^{-1}$$

$$I_3C=\frac{q_3}{Q}I_3P=\frac{0.5\times10^{-2}}{2.2238125\times10^{-7}}\times4.447625\times10^{-5}$$

$$=1$$

$$I_4C=\frac{q_4}{Q}I_4P=\frac{5\times10^{-2}}{2.2238125\times10^{-7}}\times4.447625\times10^{-6}$$

$$=1$$

$$I_5C=\frac{q_5}{Q}I_5P=\frac{1\times10^{-2}}{2.2238125\times10^{-7}}\times1.4800625\times10^{-5}$$

$$=6.655518\times10^{-1}$$

$$I_6C=\frac{q_6}{Q}I_6P=\frac{0.5\times10^{-2}}{2.2238125\times10^{-7}}\times1.472625\times10^{-5}$$

$$=3.3110368\times10^{-1}$$

考察这里获得的数据，底事件 X_3 和 X_4 的关键重要度 $I_3C=I_4C=1$ 为最高，情况表明，如果降低底事件 X_3 和 X_4 发生的概率，对降低顶事件 Top 发生概率的效果最明显。换言之，一旦导弹在发射筒中爆炸，人们有理由首先怀疑是底事件 X_3 和 X_4 触发的，其结论是应将 X_3 和 X_4 作为薄弱环节考虑。

3.7.6 分析结果的应用

纵观整个分析过程，定量分析给出顶事件 Top 发生的概率为 2.2238125×10^{-7}。孤立地看这个数值不高，但是考虑到顶事件 Top 的工程背景，将这样的概率值与顶事件 Top 相关的短时间联系起来，就显得高了。更主要的是所分析的系统具有特殊性，而且如果顶事件 Top 发生即成灾难，因此必须全面利用定性和定量分析结果，结合工程实际确定须改进的薄弱环节。

在定量的三类重要度中，结构重要度和相对概率重要度结果均认为底事件 X_3 和 X_4 同等重要而且均比其他项重要，即这两个重要度分析的结果一致，如此，它也和 3.7.4 中的定性分析结果完全吻合，唯有概率重要度分析结果表明底事件 X_4 不甚重要，原因是概率重要度未考虑各底事件概率改进难易程度差别，现按概率重要度大小列表 3－4。

表3-4　底事件的概率重要度

X_i	X_3	X_5	X_6	X_4	X_2	X_1
I_iP	4.45×10^{-5}	1.48×10^{-5}	1.47×10^{-5}	4.45×10^{-6}	3.70×10^{-6}	3.55×10^{-6}
q_i	0.5×10^{-2}	1×10^{-2}	0.5×10^{-2}	5×10^{-2}	5×10^{-2}	1×10^{-2}

由表3-4可见，X_4 的概率重要度处第4位，X_3 处于首位。但是 X_4 的发生率 q_4 是 X_3 发生概率 q_3 的10倍，据此，应该是从定性分析和其他两个重要度方面得到共同结论——将 X_3 和 X_4 作为薄弱环节处理。

为了落实这个结论，联系工程实践，X_4 仅仅关联到一只固态继电器，X_3 关联到的是一台保险装置，这一点在3.7.2的约定中已有说明，底事件 X_3 是未展开的事件，它的发生概率本来就比较低，再考虑到工程具体情况，对 X_3 采取措施难度较大，而对 X_4 采取措施则较便利，全面权衡结果，决定对 X_4 采取措施。

进一步考察底事件 X_4，这是固体继电器JGX-1M失效导致地面误接受启动指令且使弹上启动程序解除封锁，在原设计上，使用JGX-lM仅有的两对电接点分别实现切断和封锁两项功能。

现在为了降低 X_4 发生的概率，增加一个JGX-1M，使得一个固态继电器仅执行一项功能。如此改进，降低了JGX-lM的负载，即降低了该器件的操作失效率；另一方面这样做也是冗余措施，即改进后仅当两个继电器同时失效时，方会产生原设计中那只继电器失效的后果，这样的措施实现了从两个方面降低事件Top发生——导弹在发射中误炸的概率。

根据纠正措施，在图 3－13 和图 3－14 中的原有故障树逻辑门 G_4 和 G_5 中都增加一个底事件 X_7，为保守起见仍取 $q_7=q_4$，这样故障树的最小割集均升 5 阶，顶事件 Top 及其他情况均未改变，利用已有数据计算顶事件 Top 发生概率

$$P(\mathrm{Top})=Q(q_1,\ q_2,\ \cdots,\ q_7)=1.119\,062\times10^{-8}$$

这个结果与改进前相比，导弹在发射筒中爆炸的概率降低了一个数量级以上。

至此，本节通过举例说明应用 FTA 的过程，并注意了对 FTA 结果与工程实践结合过程的介绍，最后从定性（降额及冗余）和定量计算两方面展示了改进后的效果。

3.8　FTA 应用示例之二——自旋稳定卫星转速控制单元故障树分析

本节运用 FTA 技术对自旋稳定卫星的转速控制单元进行可靠性分析。通过本例将着重说明如何应用通常的两状态 FTA 技术（只考虑故障事件发生/不发生）去处理工程上必须考虑的系统及其部件多状态故障的情况。

3.8.1　建造故障树

人造卫星姿态控制方式主要有三轴稳定和自旋稳定两种。自旋稳定就是使卫星绕其对称轴以每分钟数十转的角速度旋转，产生陀螺效应，使卫星的对称轴相对于惯性空间保持稳定。自旋稳定卫星转速控制单元有两种可能的失

效模式，一是转速达不到额定值（包括根本转不起来），二是转速的增长失去控制，引起星体结构损坏。对于这两种可能的失效模式，都应当考虑到，不可短缺。

自旋卫星至少有一对沿星体切向安装的发动机。为了几何对称性，发动机总是成对使用，它们喷气也使卫星自旋。设计使得其中任一台发动机喷气可保证卫星起旋至额定转速。因此，这对发动机是互为备份的。卫星入轨后，由姿控线路给出指令，使切向发动机喷气，卫星起旋。卫星转速由姿态测量部件给出，当转速低于额定值时由星上控制线路或地面遥控线路（两者互为备份）发出喷气指令使卫星加旋。当转速达到额定值时指令停止，喷气也停止。为了防止超转速，设置一个锁定机构，当转速高于额定值的上限时，由锁定机构将两路切向发动机的电磁阀锁死来进行保护，即使有喷气指令也不能打开喷气。这样构成自旋卫星转速控制单元的功能框图，如图3-15所示。

发动机阀门有正常工作、堵塞、泄漏三种状态；星上控制或地面遥控信号有指令正常、发不出指令、误发喷气指令三种状态；锁定机构也有正常工作、误锁（不该锁时锁死）、失锁（该锁时不能锁）三种状态。所以这是一个多故障状态的系统。如何应用考虑正常/故障两状态的FTA技术来处理实际型号工程中经常遇到的多状态问题，这是建树中首先要处理的。处理原则是“把多状态化作多个两状态”。

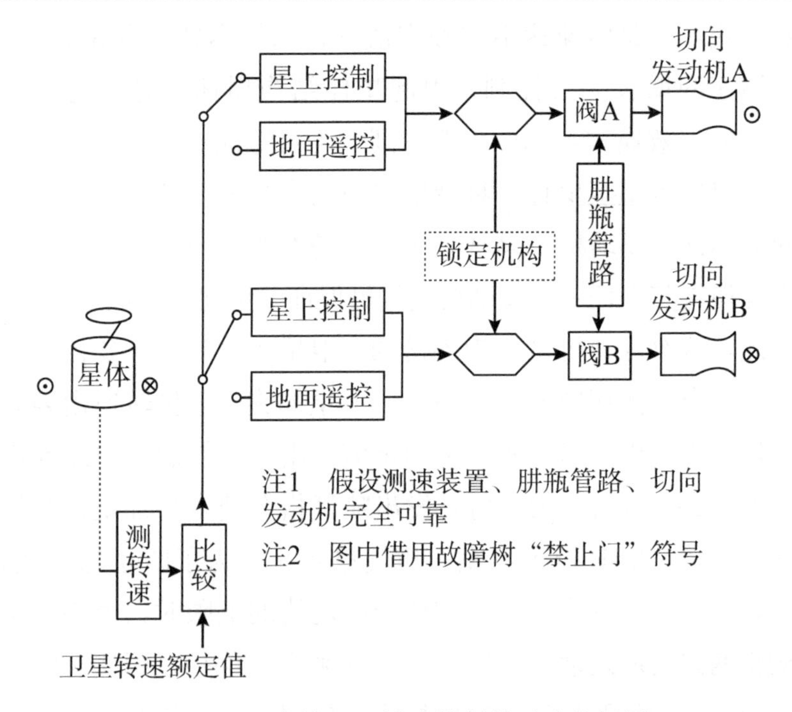

图 3-15　自旋卫星转速控制单元功能框图

处理系统多重故障模式的方法是，把每一故障模式作为同一个顶事件“系统失效”的输入事件，且用逻辑或门相连，从而把问题归结为仅有一个顶事件的情形来统一处理。这个顶事件“系统失效”即指“系统发生任一种可能模式的故障”。

处理部件的多个故障模式的方法是，用多元布尔变量来描述部件的状态。根据多元布尔变量两两状态互不相容及全部可能的状态（包括正常工作状态）组成完备事件组的性质，以及每一个底事件（多状态或二状态的状态变量）只可能发生或不发生的情况，应用二元或多元布尔代数和不交布尔代数数学工具，可以进行两状态 FTA。

为了抓住重点，假设推进剂贮箱（肼瓶）和管路完全可靠，转速测量部件（含遥测通道）完全可靠。这就是给这次建树划定的边界条件。因为贮箱和管路只是承压机构，没有运动部分，通过精心设计制造，严格检漏，确实可以做到长期可靠工作，所以第一个假设是工程允许的，而第一个假设只是为了缩小例子规模以节省本书篇幅。

下面来建造故障树。

顶事件：自旋卫星转速失控（包括低速和超速两者）。转速正常、低速、超速是三状态，这里把它分为“低速故障发生/不发生”、“超速故障发生/不发生”这样两个两状态分别处理，而低速、超速故障状态是互斥的。低速、超速故障均不发生，则系统正常。

引起超速的必要而充分的直接原因，是A路或B路发动机的阀门泄漏，或者在任一路控制线路/遥控线路误发出喷气指令的同时，阀门不堵塞而且锁定机构“失锁”（在转速超出额定值上限时不能锁定）。

注意，“阀门不堵塞”是“阀门堵塞”故障事件的逆事件，可由阀门堵塞故障事件通过非（NOT）门来表示。这个逆事件作为上一级故障事件“超速”的一种组合模式的一个必要因素，就显示出一种非单调关联性。就是说，在发生故障事件“误发喷气指令”和“失锁”的同时，如果恰巧也发生阀门堵塞故障，那就不会“超速”，系统内有故障但安全。如果此时阀门不堵塞，则系统“超速”，进入危险状态。这种非单调关联性在实际的反馈控制系统中经常遇到。这样建造出来的非单调关联故障树分析起来比较复杂。为了简化分析，考虑“阀门不堵塞”为大概率事件，近似认为它恒真而不作为导致超速的一个必要因素。在“失锁”的同时，“误发喷气指令”的那一路的阀门恰巧“堵塞”的概率很小。此时，近似看成“恒不堵塞”来处理是偏安全的，即保险地认为只要“失锁”同时“误发喷气指令”就必然“超速”。

引起卫星达不到额定转速（事件 E_2）的必要而充分的直接原因，是锁定机构“误锁”造成两路阀门都不能喷气，或是 A、B 两路各自都有故障而不能喷气，A、B 两路故障不能喷气的必要而充分的直接原因，是阀门堵塞，或者其控制线路和遥控线路都发不出喷气指令。

上述建树过程中，我们限于卫星转速控制单元的 7 个部件（两路控制/遥控线路、阀门及一个锁定机构），这些部件的故障事件都不再展开，这些未展开事件即作为底事件看待，在图 3－16 中用圆圈表示。这样建成图 3－16 所示故障树。图中：

X_{A10}、X_{A11}、X_{A12}——A 阀正常、堵塞、泄漏；

X_{B10}、X_{B11}、X_{B12}——B 阀正常、堵塞、泄漏；

X_{A20}、X_{A21}、X_{A22}——A 路控制正常、发不出指令、误发指令；

X_{B20}、X_{B21}、X_{B22}——B 路控制正常、发不出指令、误发指令；

X_{A30}、X_{A31}、X_{A32}——A 路遥控正常、发不出指令、误发指令：

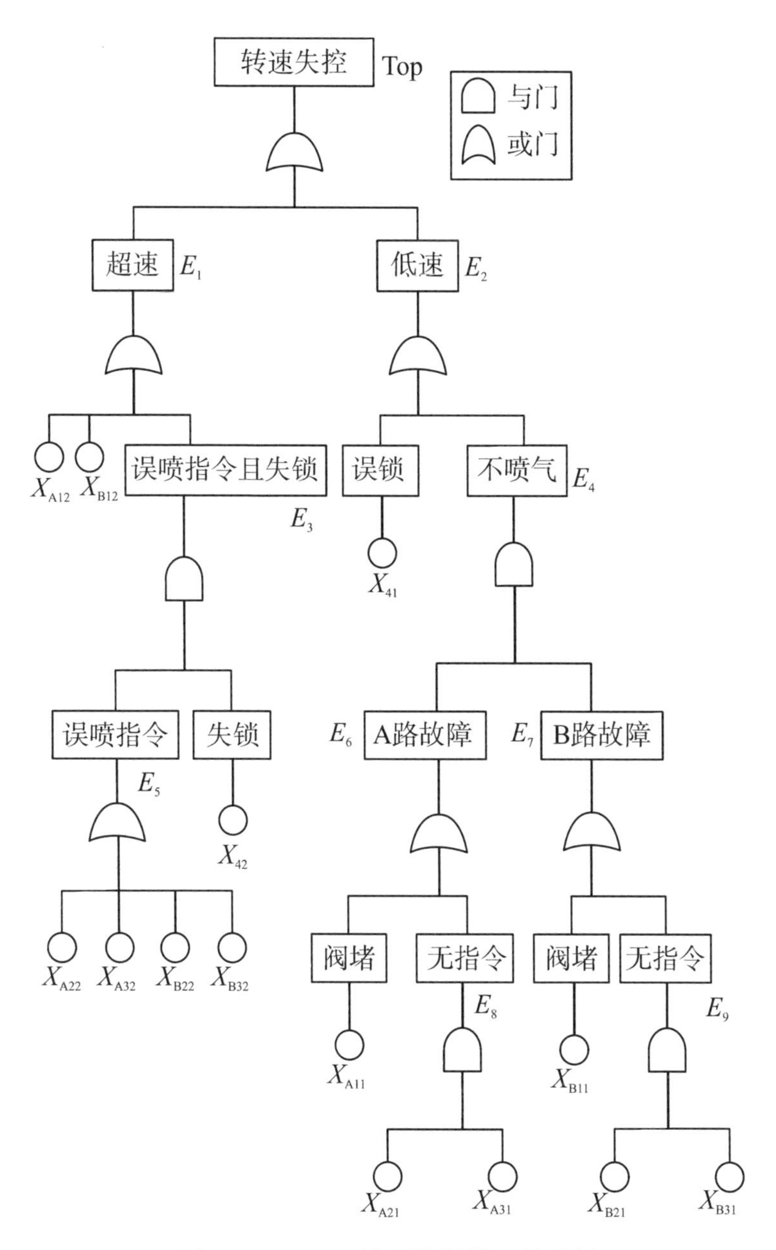

图3-16　卫星转速控制单元故障树

X_{B30}、X_{B31}、X_{B32}——B 路遥控正常、发不出指令、误发指令；

X_{40}、X_{41}、X_{42}——锁定机构正常、误锁、失锁。

3.8.2 定性分析

对于图 3-16 自旋卫星转速控制单元故障树，用下行法求布尔视在割集的过程列于表 3-5。

表 3-5 下行法布尔视在割集

0	1	2	3	4	5
Top	E_1	X_{A12}	X_{A12}	X_{A12}	X_{A12}
	E_2	X_{B12}	X_{B12}	X_{B12}	X_{B12}
		E_3	E_5X_{42}	$X_{A22}X_{42}$	$X_{A22}X_{42}$
		X_{41}	X_{41}	$X_{B22}X_{42}$	$X_{B22}X_{42}$
		E_4	X_6X_7	$X_{A32}X_{42}$	$X_{A32}X_{42}$
				$X_{B32}X_{42}$	$X_{B32}X_{42}$
				X_{41}	X_{41}
				$X_{A11}X_{B11}$	$X_{A11}X_{B11}$
				$X_{A11}E_9$	$X_{A11}X_{B21}X_{B31}$
				$X_{B11}E_8$	$X_{B11}X_{A21}X_{A31}$
				E_8E_9	$X_{A21}X_{A31}X_{B21}X_{B31}$

表 3-5 中第 5 步求得 11 个布尔视在割集，根据最小割集定义不难验证，11 个都是最小割集。

用全部最小割集来表示故障树结构函数为

$$\Phi(\boldsymbol{X})=E_1\cup E_2=X_{A12}\cup X_{B12}\cup X_{A22}X_{42}\cup$$

$$X_{B22}X_{42} \cup X_{A32}X_{42} \cup X_{B32}X_{42} \cup X_{41} \cup$$
$$X_{A11}X_{B11} \cup X_{B11}X_{A21}X_{A31} \cup X_{A11}X_{B21}X_{B31} \cup X_{A21}X_{A31}X_{B21}X_{B31}$$

图 3－16 所示故障树的 11 个最小割集中，有一阶的 3 个，二阶的 5 个，三阶的 2 个，四阶的 1 个。从工程判断 4 种部件（阀门、控制线路、遥控线路、锁定机构）的故障概率都比较小，而且可以近似地认为其数量级相近，则四阶最小割集可以忽略。提高系统可靠性的关键在于减少或消除一阶最小割集。

阀门 A 泄漏（X_{A12}）或阀门 B 泄漏（X_{B12}）是单点失效，而且不是锁定机构锁住电气指令所能保护的。可能采取的对策是采用双阀座阀门来降低泄漏概率。

图 3－15 所示转速控制单元中用一个锁定机构控制两路阀门，这造成了一阶最小割集 X_{41}，即锁定机构如果发生“误锁”故障，则系统必然发生“低速”故障，是单点故障。对策是改用二个锁定机构各控制一路阀门，就可以消除这个一阶最小割集，以提高系统可靠性。

这样改进后转速控制单元故障树见图 3－17，其中底事件 X'_{A12}、X'_{B12}分别表示 A、B 路双阀座阀门的泄漏故障事件，而 X'_{B12}、X'_{A11}表示堵塞故障事件，X_{A41}、X_{A42}（X_{B41}、X_{B42}）表示 A（B）路锁定机构误锁、失锁事件。其余符号同图 3－16。

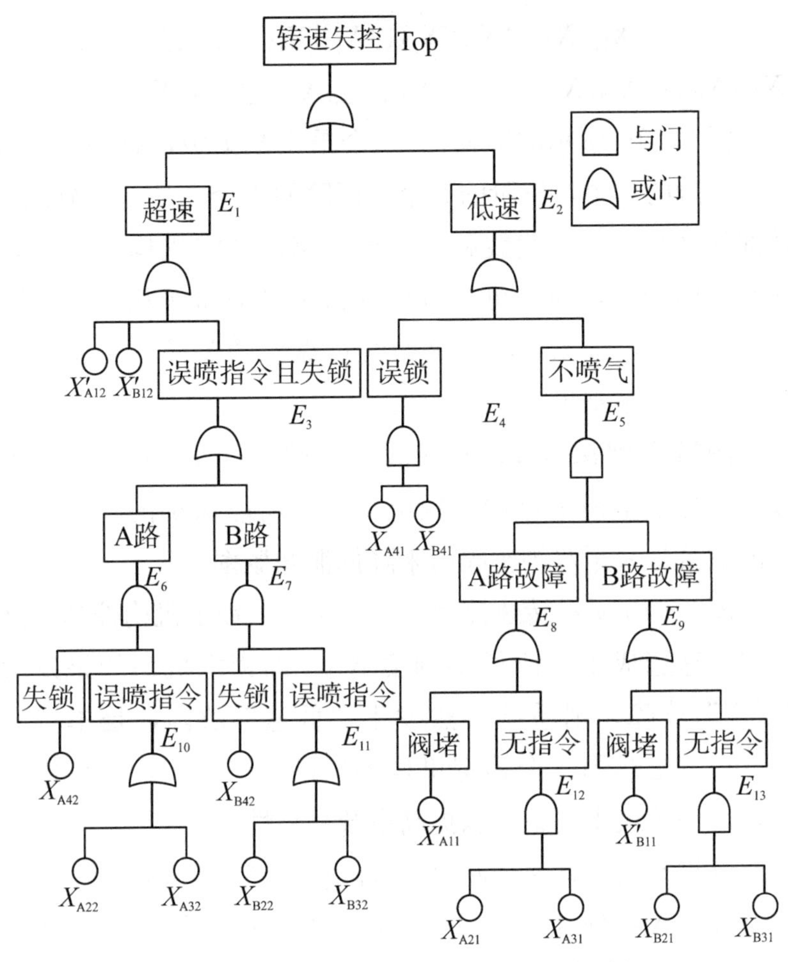

图 3-17 改进的卫星转速控制单元故障树

图 3-17 所示故障树共有 11 个最小割集

$$(X'_{A12}),\ (X'_{B12}),\ (X_{A22}X_{A42}),\ (X_{A32}X_{A42})$$

$$(X_{B22}X_{B42}),\ (X_{B32}X_{B42})$$

$$(X'_{A11}X'_{B11}),\ (X_{A41}X_{B41}),\ (X_{A11}X_{B21}X_{B31})$$

$$(X_{B11}X_{A21}X_{A31}),\ (X_{A21}X_{B21}X_{A31}X_{B31})$$

其中二个一阶最小割集（X'_{A12}），（X'_{B12}）由于采用双阀座阀门其发生概率可大为降低。原来图3-16所示故障树的另一个一阶最小割集（X_{41}）在这里变为二阶最小割集（$X_{A41}X_{B41}$）。

图3-17所示故障树结构函数为：

$$\Phi'(\boldsymbol{X})=\Phi'_1(\boldsymbol{X})\cup\Phi'_2(\boldsymbol{X})$$

$$\Phi'_1(\boldsymbol{X})=X'_{A12}\cup X'_{B12}\cup X_{A22}X_{A42}\cup X_{A32}X_{A42}\cup X_{B22}X_{B42}\cup X_{B32}X_{B42}$$

$$\Phi'_2(\boldsymbol{X})=X'_{A11}\cup X'_{B11}\cup X_{A41}X_{B41}\cup X_{A21}X_{B21}\cup X_{A31}X_{B31}\cup X'_{A11}X_{B21}X_{B31}\cup X'_{B11}X_{A21}X_{B31}$$

3.8.3　定量分析

（1）计算顶事件发生概率

首先用忽略高阶最小割集的近似算法，通过求不交和计算顶事件发生概率。

图3-16所示故障树忽略三阶和四阶最小割集后

$$\Phi(\boldsymbol{X})=E_1\cup E_2$$

$$E_1=X_{A12}\cup X_{B12}\cup X_{42}(X_{A22}\cup X_{B22}\cup X_{A32}\cup X_{B32})$$

$$E_2=X_{41}\cup X_{A11}X_{B11}$$

不交化得（“+”表示“不交和”或“算术加”）

$$E_1=X_{A12}+\overline{X}_{A12}X_{B12}+\overline{X}_{A12}\overline{X}_{B12}X_{42}(X_{A22}+\overline{X}_{A22}X_{B22}+\overline{X}_{A22}\overline{X}_{B22}X_{A32}+\overline{X}_{A22}\overline{X}_{B22}\overline{X}_{A32}X_{B32})$$

$$E_2\approx X_{41}+\overline{X}_{A41}X_{A11}X_{B11}$$

记各部件的各种故障模式发生概率为

$$q_{Aij}，q_{Bij}，q_{4j}\quad (i=1，2，3；j=1，2)$$

并设 $q_{Aij}=q_{Bij}=q_{4j}=0.001$，则算出

$$P_r[\Phi(\boldsymbol{X})=1]=q_{E1}+q_{E2}=Q$$

$$q_{E1}=q_{A12}+(1-q_{A12})q_{B12}+(1-q_{A12})(1-q_{B12})q_{42}[q_{A22}+(1-q_{A22})q_{B22}+(1-q_{A22})(1-q_{B22})q_{A32}+(1-q_{A22})(1-q_{B22})(1-q_{A32})q_{B22}]=0.002\,003$$

$$q_{E2}=q_{41}+(1-q_{41})q_{A11}q_{B11}=0.001\,001$$

$$\therefore P_r[\Phi(\boldsymbol{X})=1]=0.003\,004$$

可以验证事件发生概率准确值也是 0.003 004，在所设条件下第一种近似计算没有误差。

下面用同样办法计算改进的卫星转速控制单元故障树（图 3－17）的顶事件发生概率。

设改用双阀座阀门后其泄漏概率减小 10 倍

$$q'_{A12}=q'_{B12}=0.000\,1$$

而堵塞概率 $q_{A11}=q_{B11}=0.001$ 不变，并设 $q_{A41}=q_{B41}=q_{A42}=0.001$，部件 2、3 的各种故障概率不变，则可算得

$$P_r[\Phi'(\boldsymbol{X})=1]=0.000\,207=Q'$$

可见，顶事件发生概率比改进前减小 15 倍。

下面介绍无需计算不交和的第二、三种近似计算办法。

第二种办法叫作独立近似。根据经验，如果每个底事件发生概率<0.1，就可以把所有最小割集近似看成相互独立的，那图 3－16 所示故障树的顶事件发生概率 Q 可近似为

$$1-Q\approx(1-q_{A12})(1-q_{B12})(1-q_{42}q_{A22})(1-q_{42}q_{B22})^{*}$$
$$(1-q_{42}q_{A32})(1-q_{42}q_{B32})(1-q_{41})(1-q_{A11}q_{B11})^{*}$$

$$(1-q_{A11}q_{B21}q_{B31})(1-q_{B11}q_{A21}q_{A31})(1-q_{A31}q_{B21}q_{B31})$$

$$=0.996\ 998\ 014$$

$$Q\approx 0.003\ 002$$

和准确值相比误差很小。

第三种办法叫作相斥近似。如果每个底事件发生概率＜0.01，那么进一步把各个最小割集看成相斥的，根据互斥事件概率加法定律，顶事件发生概率等于各个最小割集发生概率的和。图3-16所示故障树顶事件发生概率取相斥近似为

$$Q\approx q_{A12}+q_{B12}+q_{42}q_{A22}+q_{42}q_{B22}+q_{42}q_{A32}+q_{41}+q_{A11}q_{B11}+q_{A11}q_{B21}q_{B31}+q_{B11}q_{B21}q_{A31}+q_{A21}q_{A31}q_{B31}q_{B21}$$

$$=0.003\ 005$$

误差也是很小的。

（2）计算重要度

为简单起见只求图3-16故障树的底事件重要度。

① 概率重要度

利用忽略高阶最小割集后的 Q 表达式求偏微商，然后取所有 q 值为0.001代入算得表3-6。

表3-6　底事件和部件概率重要度

$I_p(A_{12})=I_p(B_{12})$ 0.998 997	$I_p(A_{22})=I_p(B_{22})$ 0.000 995	$I_p(A_{32})=I_p(B_{32})$ 0.000 995	$I_p(42)=$ 0.003 986
$I_p(A_{11})=I_P(B_{11})$ 0.000 999	$I_p(A_{21})=I_p(B_{21})$ 0	$I_p(A_{31})=I_p(B_{31})$ 0	$I_p(41)=$ 0.999 999
$I_p(A_1)=I_p(B_1)$ 0.999 996	$I_p(A_2)=I_p(B_2)$ 0.000 995	$I_p(A_3)=I_p(B_3)$ 0.000 995	$I_p(4)=$ 1.003 985

表 3 - 6 中人为地取多状态部件重要度等于它的各个故障状态重要度之和，作为一种相互比较的尺度，例如，$I_p(A_{12})=I_p(A_{11})$。

其中 $I_p(4)>1$ 是因为 $I_p(41)$ 很接近 1，但就单个底事件 X_{41} 或 X_{42} 而言其要求概率重要度恒≤1。

② 相对概率重要度

表 3 - 7 中底事件相对概率重要度排序与表 3 - 8 中结构重要度排序完全一致，那是因为我们为叙述简单，取所有 $q_{ij}=0.001$ 的缘故，一般情况下两者排序未必相同。

表 3 - 7　底事件相对概率重要度

$I_c(A_{12})=I_c(B_{12})$ 0.332 566	$I_c(A_{22})=I_c(B_{22})$ 0	$I_c(A_{32})=I_c(B_{32})$ 0.000 331	$I_c(42)$ 0.001 327
$I_c(A_{11})=I_c(B_{11})$ 0.000 333	$I_c=(A_{21})=I_c(B_{21})$ 0	$I_c(A_{31})=I_c(B_{31})$ 0	$I_c(41)$ 0.332 889

③ 结构重要度

可以算出底事件结构重要度如表 3 - 8 所示。

表 3 - 8　底事件结构重要度

$I_\Phi(A_{12})=I_\Phi(B_{12})$ 0.265 625	$I_\Phi(A_{22})=I_\Phi(B_{22})=$ $I_\Phi(A_{32})=I_\Phi(B_{32})$ 0.015 625	$I_\Phi(42)$ 0.234 375
$I_\Phi(A_{11})=I_\Phi(B_{11})$ ≈0.25	$I_\Phi(A_{21})=I_\Phi(B_{21})=$ $I_\Phi(A_{31})=I_\Phi(B_{31})$ ≈0	$I_\Phi(41)$ ≈0.75

总结以上分析，对于图3-16所示故障树（改进前）的底事件三种重要度计算结果都是底事件 X_{41}、X_{A12}、X_{B12} 最为重要，和定性分析结果一致。据此对系统作出改进（A、B路采用双阀座阀门以减小泄漏概率，A、B路分开采用锁定机构以防止共用时误锁）后，进行对比定量计算表明，可将顶事件发生概率减小约1/15。

3.9　小结

FTA是分析复杂系统可靠性和安全性的重要工具。在可靠性分析中，应当在普遍进行FME（C）A的基础上，将可能发生的灾难性的或严重的系统失效事件作为顶事件，有重点地进行FTA。在安全性分析中，应当在列举各种可能的危险因素进行初步危险分析（PHA）的基础上，将其中灾难性的或严重的危险因素作为分析目标，来开展FTA，从而指导设计改进，提高系统可靠性和安全性。

建造故障树是FTA的基础和关键。要求分析者对于系统及其各组成部分和各种影响因素有透彻的了解；要求系统设计、运行维修和可靠性安全性分析人员密切合作；要求建树时严格按循序渐进、有层次地开展分析的原则，逐级找出必要而充分的直接原因，防止错和漏，最后还要合理简化。读者对于演绎法人工建树要重点掌握。建树中工程判断很重要，本章3.8节自旋卫星转速控制单元建造故障树及定性、定量分析中，对于实际工作中常见的系统和部件的多种故障状态（多态性）和非单调关联性质的处理应重点领会。

正规故障树（单调关联故障树）的定性分析方法和定量分析的近似方法是基本的。读者应掌握用下行法、上行法求视在割集，经过两两比较作布尔吸收运算找最小割集，从而识别顶事件代表的所有的系统故障模式，以及按照工程近似法计算顶事件发生概率和底事件的重要度。早期逻辑简化和模块分解，对节省计算量极为有益。只有弄清这些基本步骤，才能应用 FTA 程序。

工程上往往可靠性数据不全，FTA 当前重点在建树和定性分析。在此过程中，分析者应时刻留心：系统有哪些薄弱环节？要做什么改进？本章关于定性分析结果的应用有实例说明，读者应重点领会。

附表 3－1　二元布尔代数和不交布尔代数的若干规则

	布尔代数规则	不交布尔代数规则
并（或门）	$A\cup B$	$A\uplus B=A\cup\overline{A}B$
交（与门）	$A\cap B=AB$	AB
补（非门）	$\overline{A}$	$\overline{A}$
DeMorgan 律	$\overline{AB}=\overline{A}\cup\overline{B}$ $\overline{A\cup B}=\overline{A}\,\overline{B}$	$\overline{AB}=\overline{A}\uplus\overline{B}$ $\overline{A\uplus B}=\overline{A}\,\overline{B}$
吸收律	$A\cup AB=A$	$A\uplus AB=A$
幂等律	$A\cup A=A$ $AA=A$	$A\uplus A=A$ $AA=A$
归并律	$AB\cup A\overline{B}=A$	$AB\uplus A\overline{B}=A$

我们利用文氏图（Venn Diagram）对布尔代数的一般

运算规则和不交型运算规则作一直观比较。

1）“交”、“补”运算规则相同。

2）“并”运算规则的形式不同。

在布尔代数中，$A \cup B = B \cup A$ 相应于附图 3—1（a）

在不交型布尔代数中，$A \cup \overline{A}B$，$B \cup \overline{B}A$ 分别相应于附图 3—1（b）、（c），而且 $A \cup \overline{A}B = B \cup \overline{B}A$。比较可见，附图 3—1（a）、（b）、（c）实质上是一致的。

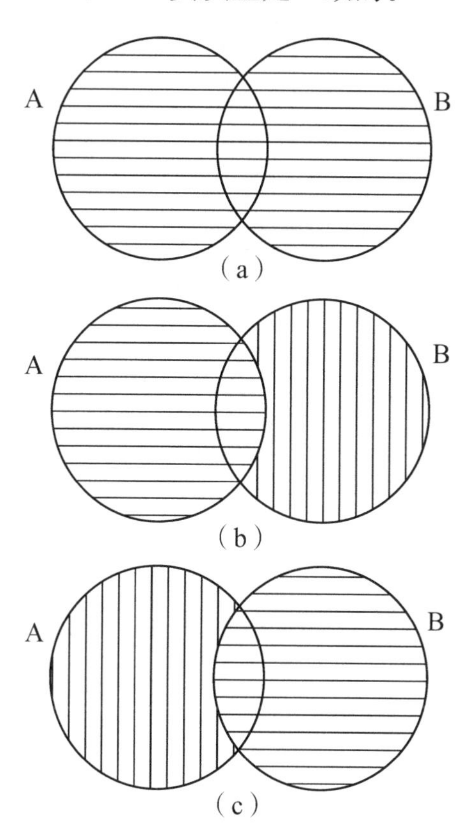

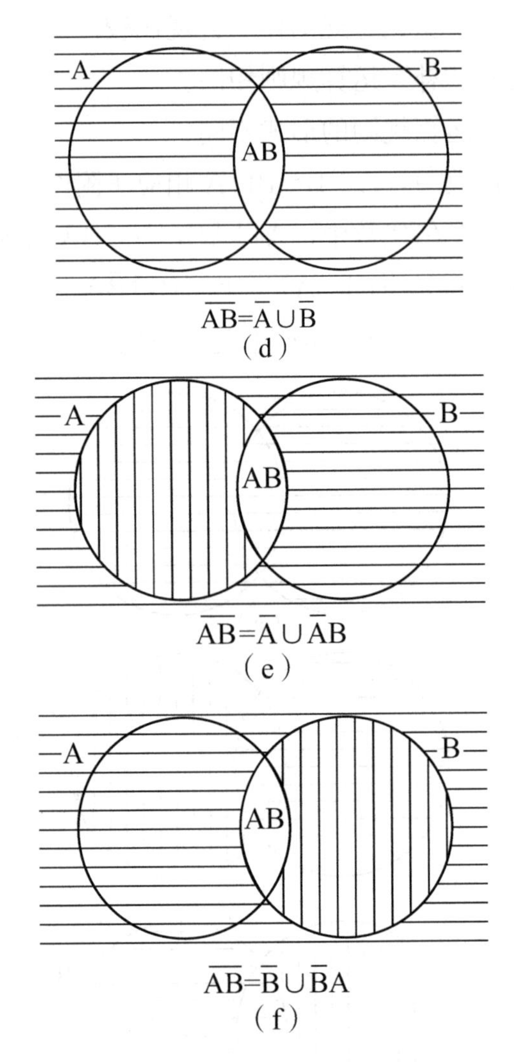

附图 3-1　布尔代数和不交型布尔代数中的几种形式

“并”$A\cup B$看似简单，但由于暗含了“面积”（粗浅地说）$S_A+S_B-S_{AB}$的关系，可能给以后的计算（例如要计算概率时按$A\cup B$计算为2^2-1项，$A\cup B\cup C$计算为2^3-1

项，$A_1 \cup A_2 \cup \cdots \cup A_n$ 为 2^n 项；而按不交型 $A_1 \cup \overline{A}_1 A_2 \cup \cdots \cup \overline{A}_1 \cdots \overline{A}_{n-1} A_n$ 计算仍为 n 项）带来麻烦，而不交型 $A \cup \overline{A}B$ 或 $B \cup \overline{B}A$ 从根本上消除了这种麻烦，因而可能取得简化的效果。

3）DeMorgan 律和不交型 DeMorgan 律的比较。

可以看出，附图 3-1 中（d）、（e）、（f）在实质上是一致的。

$\overline{A \cup B} = \overline{A}\overline{B}$ 与 $\overline{A \cup \overline{A}B} = \overline{A}\,\overline{B} = \overline{B \cup \overline{B}A}$ 可同理进行比较。

附表 3-2　多元布尔代数和不交布尔代数若干规则

	布尔代数规则	不交布尔代数规则
并（或门）	$X_{ij} \cup Y_{lm}$ $\bigcup_{j=1}^{n_i} X_{ij} = 1$	$X_{ij} \uplus Y_{lm} = X_{ij} \cup \overline{X}_{ij} Y_{lm}$ $\biguplus_{j=1}^{n_i} X_{ij} = \bigcup_{j=1}^{n_i} X_{ij} = 1$
交（与门）	$X_{ij} \cap Y_{lm} = X_{ij} Y_{lm}$ $X_{ij} \cap X_{ik} = \begin{cases} 0，当\ j \neq k \\ X_{ij}，当\ j = k \end{cases}$ $X_{ij} \cap \overline{X}_{ik} = \begin{cases} X_{ij}，当\ j \neq k \\ 0，当\ j = k \end{cases}$	$X_{ij} Y_{lm}$ 同左 同左
补（非门）	$\overline{X}_{ij} \cap \overline{X}_{ik} \bigcup_{j=1}^{n_i} = \overline{X}_{ij}$，当 $1 \neq j \neq k$ $\overline{X}_{ij} = \bigcup_{k=1}^{n_i} X_{ik}$，$k \neq j$	同左 $\overline{X}_{ij} = \biguplus_{k=1}^{n_i} X_{ik}$，$k \neq j$
DeMorgan 律	$\overline{X_{ij} Y_{lm}} = \overline{X_{ij}} \cup \overline{Y_{lm}}$ $\overline{X_{ij} \cup Y_{lm}} = \overline{X}_{ij} \overline{Y}_{lm}$	$\overline{X_{ij} Y_{lm}} = \overline{X}_{ij} \uplus \overline{Y_{lm}}$ $\overline{X_{ij} \uplus Y_{lm}} = \overline{X}_{ij} \overline{Y_{lm}}$

思　考　题

试建造下图三开关系统故障树，要求考虑每个开关正常工作、开路（合不上）、短路（断不开）三种状态。

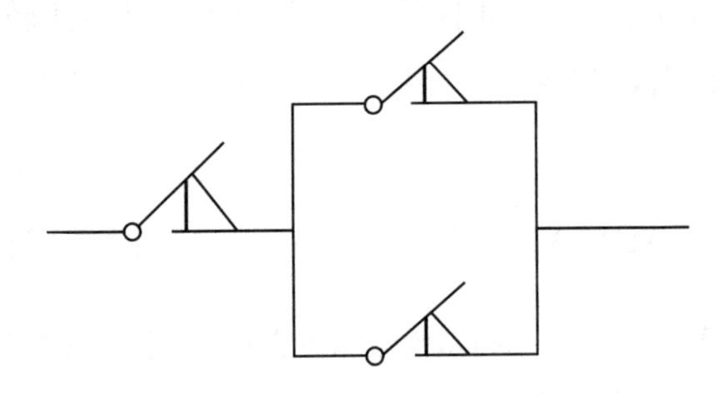

参考文献

[1]　USNRC. Reactor Safety Study - An Assessmem of Accidem Risks in U. S. Commercial Nuclear Power Plants，WASH - 1400，1975.

[2]　Barlow R. E. Fussell J. B. and SingpwwNla N. D（ed）. Reliability and Fault Tree Analysis，SIAM，1975.

[3]　LIAO Jiongsheng. A New Approach for Fault Tree Analysis. Proc of 2nd ESA Product Assurance Symposium，R57 - 62 1981.

[4]　黄锡滋．求解失效树最小割集和计算结构函数概率的新办法．电子学报，1982（1）.

[5]　梅启智，廖炯生，孙惠中．系统可靠性工程基础．科学出版社，1987 年第一版，1992 年第二次印刷．

[6]　GB 7829—87《故障树分析程序》.

[7]　GJB 768. 1—89《建造故障树的基本规则和方法》.
GJB 768. 2—89《故障树表述》.
GJB 768. 3—89《正规故障树定性分析》.

[8]　IEC 1025《Fault Tree Analyais（FTA）》. 1990. 10.

[9]　THSFTA. 超级汉化故障树分析软件包装使用手册．清华大学核能技术设计研究院，1993. 5.

第4章　故障报告、分析和纠正措施系统

4.1　概述

故障报告、分析和纠正措施系统（Failure Reporting，Analysis and Corrective Action System，FRACAS）是一项重要的可靠性管理技术。

1980年颁布的美军标MIL—STD—785B《系统和设备研制生产的可靠性大纲》，要求军用系统承包商建立FRA-CAS和故障审查委员会（FRB），以监督和控制研制过程中的故障分析和纠正活动。为使这一工作更加规范化，1985年美国国防部又颁布了军用标准MIL—STD—2155（AS）《故障报告、分析和纠正措施系统》，对故障报告、分析和纠正措施规定了统一的要求和准则。

我国军用标准按照等效采用美军标的原则，也先后于1988年颁布了国军标GJB—450《装备研制和生产的可靠性通用大纲》，1990年颁布了GJB－841《故障报告、分析和

纠正措施系统》，要求军工产品承制单位在军工产品研制过程中建立 FRACAS，并规定了程序和方法。

1988 年，航天系统颁布了行业标准 QJ 1408《航天器和导弹武器系统可靠性大纲》，1993 年 9 月又颁布了《航天型号可靠性维修性管理暂行规定》，两者都对在型号研制过程中建立 FRACAS 提出了具体要求和方法。

同时，1986 年颁布的《军工产品质量管理条例》明确要求承制单位应制定质量与可靠性信息的收集、传递、处理、储存和使用的管理办法、故障报告制度和采取措施的制度。ISO 9000 质量管理与质量保证系列标准中，也把纠正和预防措施作为质量体系的 20 个要素之一，规定采取纠正措施时，首先应从查明与质量有关的问题开始，并采取措施以排除问题再发生的可能性或把问题再发生的几率减小到最低限度。

因此建立 FRACAS 是承制单位的责任，是搞好军工产品研制的需要。

4.1.1　目的和作用

建立 FRACAS 的目的是为了确保研制过程所有故障能及时报告，彻底查清，正确纠正，防止再现，从而实现产品可靠性增长，以保证达到并保持产品的可靠性和维修性。

可靠性是用产品无故障工作概率或无故障持续时间度量的产品特性。可靠性工程的主要任务就是防止故障的产生，控制故障发生的概率，纠正已发生的故障。故障是可靠性工作中分析的对象，必须严肃对待，认真研究，严格加以管理。建立 FRACAS 就是要通过对整个故障报告、分析和纠正活动加以监督和控制，来保证产品故障能及早地、正确地报告、分析和纠正，防止在以后的试验和使用中再发生。它利用“及早告警”和“反馈控制”原理来消除或大大降低故障带来的影响，防止问题的积累，可以给承制方和用户带来较大的效益。所以故障报告和分析是一项必须做的工作，建立 FRACAS 是防止“故障再现”，真正做到“问题归零”的关键。

FRACAS 是一个有效的可靠性管理工具，既具备改进现实的功能，又能对未来起预防作用。FRACAS 的有效运行，积累了对“现实故障”分析、处理的经验，为类似产品的 FMEA 提供了更准确、完整的信息，可以起到“举一反三”防止未来产品出现类似问题的作用。图 4-1 给出了这种作用的示意。

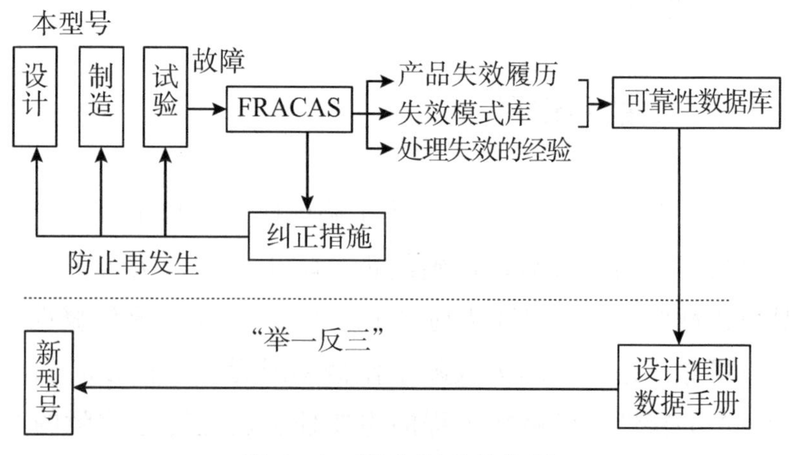

图 4-1　FRACAS 的作用

FRACAS 是一个信息系统，其输入是信息（故障报告），输出的也是信息（纠正措施）。通过一套规范化的严格的管理程序，保证产品及其组成部分在各种试验中发生的极其分散的故障信息能及时、准确、完整地收集，为分析、评价和改进产品可靠性提供科学依据。FRACAS 与各方面的关系如图 4-2 所示。

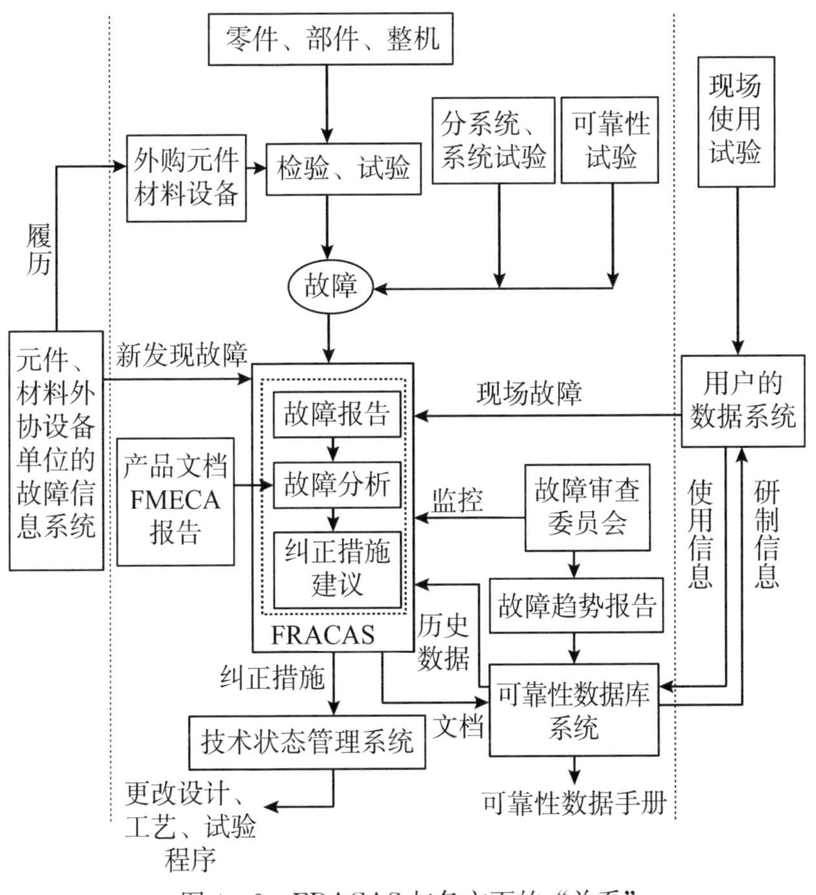

图 4-2　FRACAS 与各方面的“关系”

4.1.2　实施要求

FRACAS 是一个闭环的故障报告系统，由一系列活动组成，涉及到各研制、试验、使用单位和各类人员，必须对管理机构、各方面职责、各项活动程序、内容及必要的资料（人员、设备）作出全面计划，并纳入型号的可靠性保证计划之中。型号负责人应研究并确定如何使用各单位现有的信息系统和追加的要求，以及管理本型号 FRACAS 的各单位负责人。

应制定一项制度对以下诸方面作出明确规定。

（1）机构与职责

具体规定 FRACAS 的管理机构和人员职责；故障评审委员会的组成及职责；与外协件、外购件供应单位的关系；总体、分系统、设备研制和生产单位的关系；与用户的关系。

（2）活动与程序

具体规定故障报告程序、故障分析程序、故障纠正程序、悬案和遗留问题处理程序、故障件流程和保留要求、信息流程等。

（3）记录和文档

具体规定产品发生故障处理过程中产生的全部信息记录、故障报告表、故障分析报告表、纠正措施申请表、定期的故障综合报告、故障趋势分析和报告及资料归档要求。

（4）资源保证

据国外经验，FRACAS 是可靠性工作项目中需投入人力、物力较多的一个项目。

各单位、各型号应投入一定专业人员、资金和设备从事这项工作。建立专业的失效分析机构，产品的故障分析组及故障审查委员会，配置 FRACAS 的信息贮存和处理设备，FRACAS 管理机构的人员与活动所需的费用等，均应纳入型号研制计划。

4.1.3　典型的 FRACAS 活动步骤

1）在某一工作或试验期间观测到故障；

2）仔细记录所观测到的故障；

3）故障核实，重复观测或试验以证实故障的真实性；

4）隔离故障，查找故障部位，直到最低一级故障元件；

5）更换可疑故障产品，并证实故障仅在更换下的产品中；

6）验证有怀疑的产品，对故障产品进行检测；

7）故障分析，查找证实的故障模式、原因、机理；

8）收集有关资料；

9）确定根本原因；

10）提出纠正措施建议；

11）纠正措施实施；

12）试验验证纠正措施的有效性；

13）评审确定纠正措施的有效性；

14）全面实施纠正措施。

FRACAS 的活动流程如图 4-3 所示。

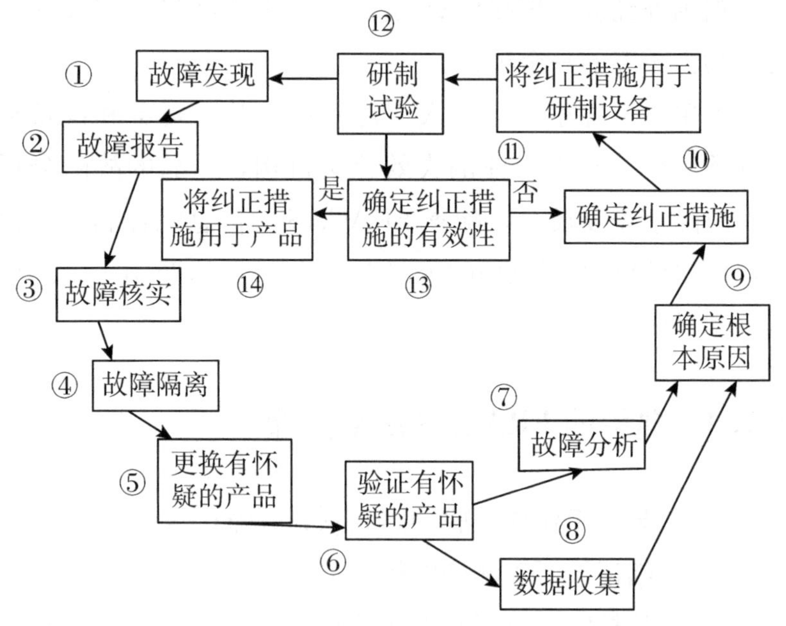

图 4-3　故障报告和纠正措施系统的闭环图

4.2　故障报告

故障发生后，应立即采取措施防止故障扩展，保护好故障现场。负责试验的单位和人员应在规定时间，用规定格式，向规定级别的管理部门进行报告。

4.2.1　报告范围

在研制、生产和早期使用过程中发生的所有硬件故障、软件错误、接口问题和异常现象均应记录并报告，进入FRACAS的故障范围至少应包括：

1）从产品最低层次组件加载后的每一产品层次的试验和检验中发生的故障；

2）造成非计划的维修故障；

3）不可拆除的元器件故障；

4）产品可靠性试验期间的故障；

5）软件或软、硬件接口引起的功能故障。

4.2.2　报告内容

FRACAS的有效性取决于作为输入信息的故障报告的及时性、准确性和完整性。故障报告的内容应能反映故障发生时的一切条件，至少包括以下内容：

1）发生时间、地点及何种试验；

2）发生故障时产品所处的工作状态，环境条件；

3）故障产品的详细描述；

4）故障现象和特征的详细描述；

5）试验的操作者和故障的发现者。

4.2.3　报告要求

通常运用合同、任务书、技术条件和产品保证大纲规定故障报告的各种要求。一般要求为：

1）一个单位或一个型号的故障报告格式应统一，以便统计处理和贮存见附表 4－1～附表 4－3；

2）型号的故障报告应按总体、系统、设备、部组件等不同产品层次和故障的严重等级规定各类故障报告至哪一管理级；

3）应规定报告的时限，重大故障应在 24 小时内报到型号最高管理级，一般故障可在三天内报告到规定的管理级；

4）外协、外购件在供应单位检验、试验中的故障应汇集到产品承制单位的 FRACAS 之中。

4.2.4　故障核实

FRACAS 管理部门接到故障报告后，应根据故障报告的详细程度和故障严重等级，组织有关方面人员进行故障调查，以确认故障报告的准确性。核实故障可以用复现试验或有关故障证据来证实。故障核实至少包括以下工作：

1）重新证实初次观测故障的真实性，进一步录取故障数据；

2）查找故障部位，一直到最低一级可更换的故障件；

3）用相同良好件更换、代替故障件，重新进行测试和试验，看是否纠正了原来报告的故障；

4）对更换下来的故障产品或故障件进行测试，以核实该可疑产品或故障件确有故障，初步确定故障范围；

5）对不可重复试验的产品，主要通过对故障影响和后果（如泄漏、断裂、损坏等）的详细观察来证实。

4.3　故障分析

故障分析是由故障现象、后果去查明故障原因和机理的过程，追查原因中的原因，一直到查出根本原因，并能构造出反映故障因果逻辑关系的故障链。只有彻底查明故障原因，才能解释故障发生的过程，才能提出有针对性的纠正措施。

故障分析是一件极其重要，却又非常困难的工作。影响故障分析彻底性、准确性的因素太多，诸如：

1）思想上的顾虑，因为故障原因涉及到责任，关系到名利；

2）故障数据收集不全，故障现场未保护好；

3）分析人员的水平、经验和客观性；

4）分析设备的功能和精度；

5）单位或工程负责人的态度和作风；

6）监督机制的完备性；

7）奖惩政策的合理性。

4.3.1　故障分析工作组

针对某一特定故障，特别是重大故障应成立故障分析工作组，其成员应由与产品试验和故障有关单位和部门的代表、专业失效分析机构和质量可靠性部门的人员组成。

其任务是负责故障调查、分析工作，做出分析结论，编写故障分析报告，提出改进措施建议。故障分析工作组组长应由无直接责任的有资格的专家担任。故障分析结论经评审、确认后，故障分析工作组自行解散。

4.3.2　故障分析工作步骤

1）分析有关产品和故障方面的资料，如产品设计和工艺资料、试验程序、FMEA 报告、故障报告、证词等；

2）分析故障产品的全部工作历史和故障历史；

3）分析测试、试验设备，操作环境条件等产品外部情况是否包含导致故障发生的因素；

4）对故障件进行测试、检查；

5）提出故障原因和机理的假设，并证实；

6）整理、分析各种数据，提出分析结论，编写故障分析报告；

7）提出纠正措施建议；

8）整理各种记录、数据、资料，并汇编成档案。

4.3.3　故障分析方法

对报告的故障进行彻底分析，以确定故障的根本原因。故障分析方法一般可分三种。

（1）工程分析

根据工程原理和工程经验，对故障产生的原因和机理进行分析，可以通过计算和故障模拟试验来进行分析。应充分利用 FMECA 分析结果提供的信息，运用 FTA 方法来帮助查明故障模式和原因之间的逻辑关系。

所谓 FTA 就是把故障作为顶事件，运用演绎法，自上而下逐级寻找导致故障模式的故障原因，通过一系列中间事件，直到底事件代表的最基本原因，各事件之间逻辑关系用逻辑符号加以连接，构造出一棵故障树，进而找出各种可能的路径，并逐一排除不可能导致故障的路径，最终找出可能导致故障的路径。该方法主要适用于复杂系统和设备级。

（2）失效机理分析

利用观察、测试、理化分析、解剖、X 光检查、电子扫描显微镜观测等方法，去研究物质结构、工艺过程可能产生的缺陷，分析导致这种缺陷的机理和过程。该方法主要适用于元件器、零部件和材料等硬件。

（3）统计分析

通过对故障产品累计工作时间、次数和出故障次数统计，对该故障模式在类似产品出现的次数加以系统的整理，以估计该故障模式的性质和出现概率。

4.3.4　故障分析要求

故障分析的结果应能判明以下问题：

1）该故障是相关故障还是非相关故障？以便估计产品在未来现场使用中是否会发生；

2）该故障是责任故障还是非责任故障？以便在估计产品可靠性时考虑是否将该故障计入，同时，也利于分清故障产品是故障源还是受害者；

3）该故障是何种原因引起的？如：

a）设计不周；

b）制造不良；

c）元器件或材料或外购设备有缺陷；

d）试验操作中的人为错误；

e）软件错误；

f）未查明确切原因。

4）该故障是初次发现，还是类似产品中早已出现过？

5）该故障是需要纠正的系统性缺陷引起的，还是偶然性缺陷引起的？如果是偶然性故障，那么它出现的概率又是多少？是否需要纠正？

故障分类过程可参见图 4－4。

4.3.5 故障分析报告

故障分析报告是对整个故障报告、分析和纠正措施的总结，是确定和实施纠正措施的依据，必须经主管技术负责人审批。重大故障分析结论应由相应管理级别组织有关方面评审、确认后方可提出纠正措施建议。故障分析报告内容至少包括：

1）产品工作历史和故障现象、特征的描述；

2）故障调查和分析过程；

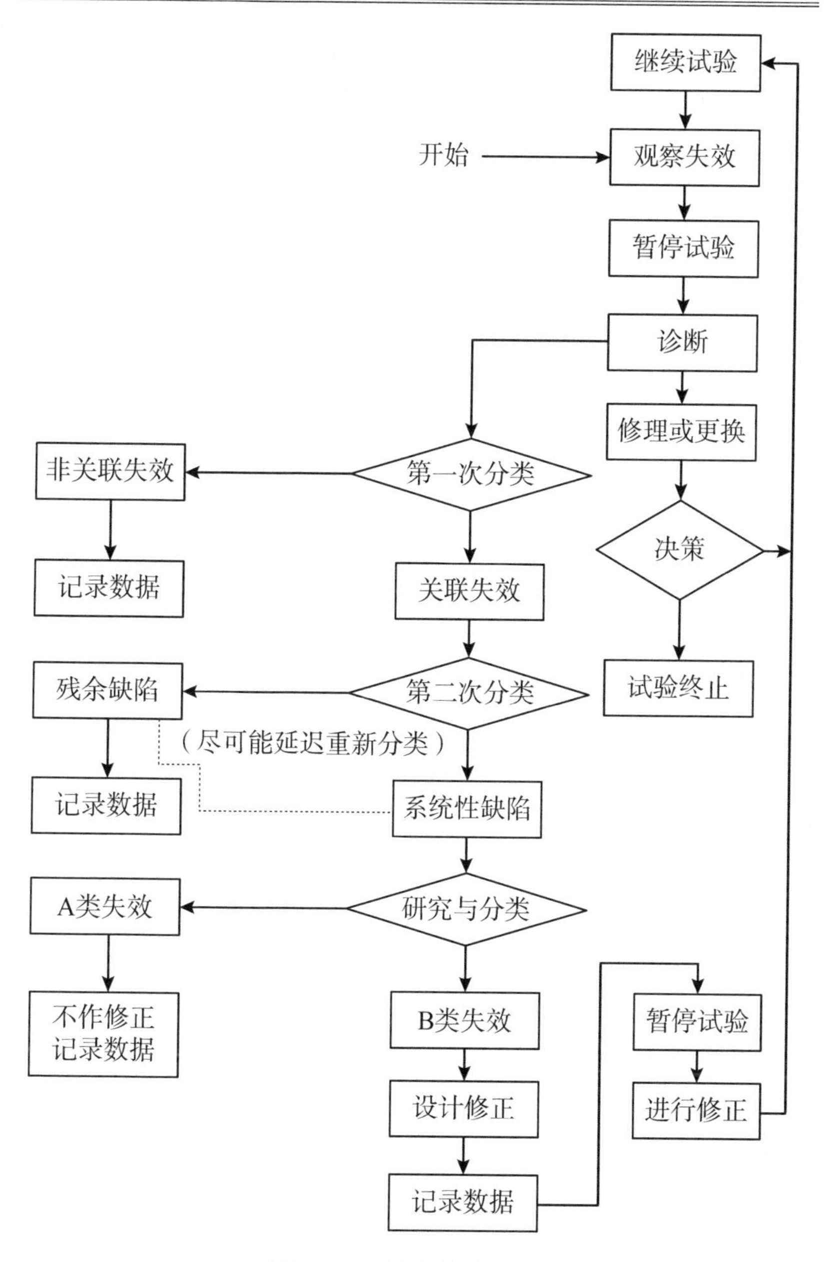
继续试验
开始
观察失效
暂停试验
诊断
修理或更换
非关联失效
第一次分类
决策
记录数据
关联失效
试验终止
残余缺陷
第二次分类
（尽可能延迟重新分类）
记录数据
系统性缺陷
A类失效
研究与分类
不作修正
记录数据
B类失效
暂停试验
设计修正
进行修正
记录数据

图 4-4　故障分类过程

3）故障原因和机理的分析、论证；

4）建议的纠正措施；

5）需说明的问题建议。

故障分析报告编写完成后，还应按附表 4—2 格式整理摘要。

4.3.6　故障报告工作的结束

故障报告工作结束的标志是编写出故障分析报告并采取了纠正措施。对原因一时难以查明的故障，也应写出故障分析总结报告，说明理由，经主管技术领导批准后，可暂时结束故障报告工作。对已查明原因但未采取纠正措施的故障，应写出故障分析总结报告，并说明不采取或无法采取纠正措施的理由，可暂时结束故障报告工作。但是，在飞行试验前，对上述暂时结束的故障报告工作应重新组织一次审查，才能最后结案。

4.3.7　故障产品的管理

故障产品应加以明显的标记，在完成故障分析之后到纠正措施实施之前，应妥善加以保管和控制，不应丢失或随意处理。

4.4　故障纠正

在研制过程的试验和检验中，产品发生故障一般要做两种处理，即：

1）应急处理：更换有故障的产品，把系统恢复到可工作状态，这种修理过程，不能改善系统固有可靠性，只对故障产品采取措施。

2）防止再发生：在故障原因分析清楚的基础上，采取纠正措施，即改进设计、工艺、试验程序，消除产生故障的根源，从而使系统固有可靠性得到增长。同时，对同批次产品和有关可疑产品的类似缺陷加以改进。

质量与可靠性工作的根本任务是“防止再发生”，绝不能只停留在应急处理的水平上。

有时，确难查清原因，只好采取综合治理的办法，即对产品中可疑的各个薄弱环节进行改进。

增长过程与修理过程的比较如图 4－5 所示。

4.4.1　纠正措施的确认

纠正措施必须通过一定试验，至少是产品发生故障的试验来验证其有效性。同时，应分析纠正措施实施的可行性，是否会带来新的故障模式或附加的不可靠性。

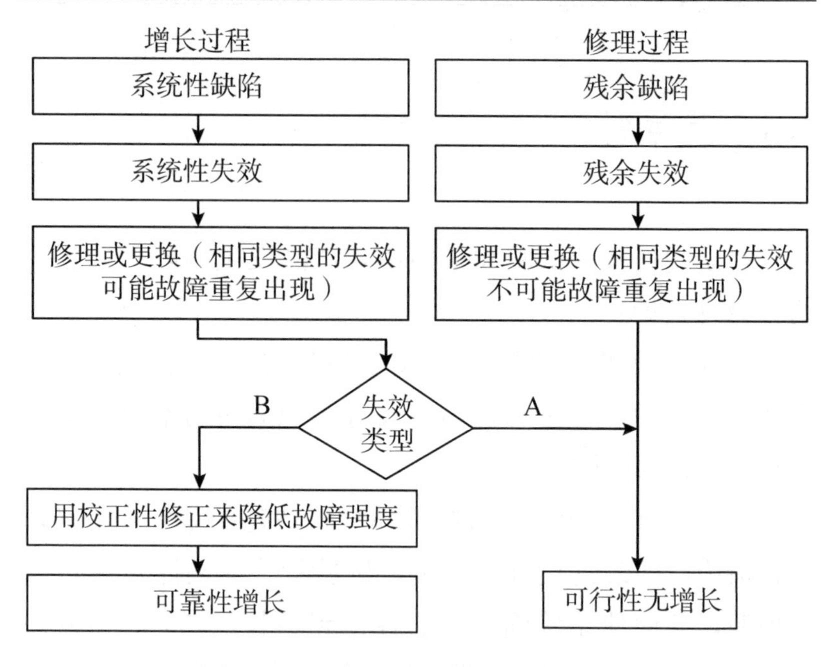

图 4-5 增长过程与修理过程的比较

按附表 4—6 格式提出纠正措施申请，在正式批准前，应组织有关专家和部门代表进行评审，以保证其有效、可行，并与其他相关部分接口相协调。

4.4.2 纠正措施的实施

批准的纠正措施反馈到设计、工艺或试验程序之中，要通过技术状态管理系统（CMS）完成相应的文件更改和产品更改。对可能出现相同故障模式的类似产品应“举一反三”，研究是否需要采取措施。与故障有关联的可疑产品，应做必要的分析或试验，证明其可靠性并未降低，寿命未受损。

4.4.3 管理改进

产品的故障往往反映出设计、制造、采购、试验、检验等方面的问题，而进一步深究其原因，又大多数可以追查到管理的不善，诸如培训、考核、激励政策、法规、制度等要求不明确，不严格。责任不明，关系不顺，要从管理上采取措施改善质量体系和产品保证系统，以便推动产品可靠性的不断改进。

4.5 故障审查组织

4.5.1 目的

故障和故障处理对产品可靠性有重大影响，特别是对可靠性、安全性要求较高的复杂的系统，应建立故障审查委员会，对故障分析和纠正活动进行监控，以保证故障分析的彻底性和纠正措施的正确性。

4.5.2 任务

故障审查组织的主要任务是：

1）审查重大故障的分析工作与结论，以及纠正措施建议；

2）利用研制过程中的故障统计资料，分析故障趋势，提出改进的建议；

3）对故障原因不明的疑案进行审查，提出结案的原则和补救工作。

4.5.3　组织

故障审查组织（FRB）不是一个职能机构，而是一个为工程最高层进行故障处理提供决策支持的委员会。根据型号特点，可由设计、工艺、试验、可靠性及采购部门的代表组成，型号负责人担任委员会主任。用户可派代表作为观察员参加重大故障审查活动。

FRACAS 和 FRB 的闭环参见图 4－6。

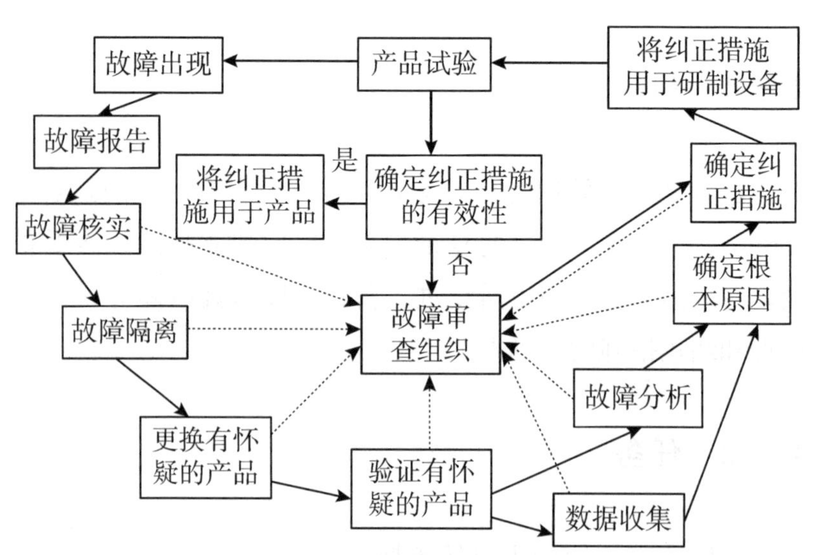

图 4－6　故障报告与纠正措施系统及故障审查组织的闭环图

建立FRACAS是一项重要而又困难的工作，要把在时间、空间上极其分散的故障信息汇集起来，要把众多有关的单位、部门和人员组织起来，要把决策建立在科学分析的基础上，需要下很大功夫。必须提高认识，加深理解，克服传统的习惯和各种障碍，严格贯彻标准要求。建立并运行FRACAS，是做到胸中有数、实现问题归零、防止重复故障发生、大大降低故障损失、缩短研制周期、保证产品质量的有效措施。

4.6　可靠性数据系统

系统可靠性的分析评价和改进都离不开可靠性数据。各研制单位必须建立一个统一的可靠性数据系统，把极其分散的可靠性数据及时、准确、完整地收集起来，并按可靠性工程的要求加以科学分类、整理，编制产品可靠性档案和可靠性数据手册，为制定、修订可靠性设计准则，改进产品可靠性管理提供科学依据。可靠性数据系统的基础是FRACAS。可靠性数据系统应具备数据采集、加工、贮存和传递的功能，需要有一套严格的制度，一定数量的专业人员和相应的信息处理设备。典型的可靠性数据系统如图4－7所示。

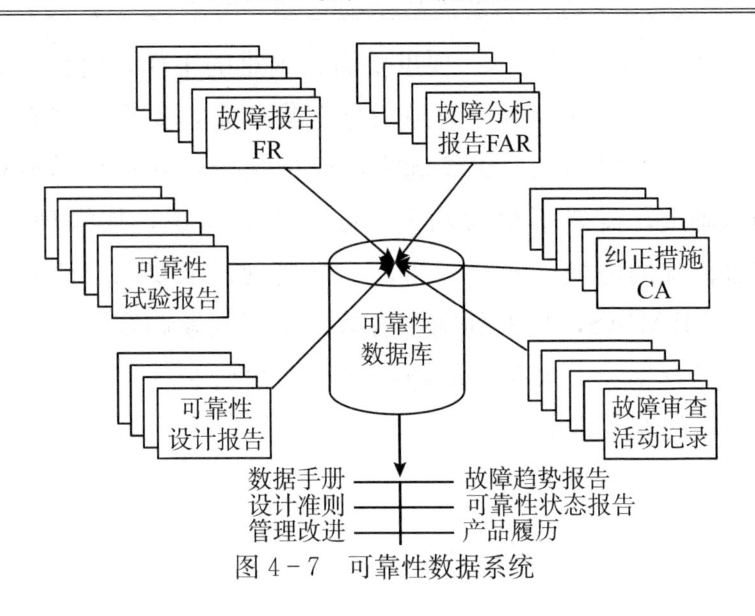

图 4-7　可靠性数据系统

4.7　小结

FRACAS 是一门管理技术，其要求承制单位建立 FRACAS 制度并运行，以确保在研制过程中对故障及早处理，采取有效措施，防止再现。对于关键的复杂的产品，应建立故障审查委员会，以对故障分析和纠正措施进行监控，增加管理方面的透明度，从而保证故障分析的彻底性和纠正措施的正确性。

通常要以型号系统建立故障报告纠正措施系统，并应充分利用并完善单位已建立的信息管理系统，以有效运行 FRACAS。

运行 FRACAS 的关键是对产品信息流、故障信息流，以及物流、故障产品实施控制。为此，要按规定统一故障信息报表，统一处理故障产品。

故障信息是研制的极重要资源，应妥善处理及保存。各类表格样件见表4－1～表4－6。

表4—1　故障报告表（样件）

<table>
<tr><td></td><td>故障报告 FR</td></tr>
<tr><td>（1）系统____________
项目号____产品、订货号____</td><td>（2）报告号______
日期________</td></tr>
<tr><td>（3）组件　分组件　部件______
____
____号____号____号______</td><td>（4）事件发生日期______
时间______________
总工作时间______小时</td></tr>
<tr><td rowspan="2">（5）故障发现时机
□设计验证试验（说明）
____
____
□生产前系统部件试验
□可靠性增长　□可靠性验证
□研制　□其他
□鉴定　叙述______
□生产试验________________
□验收
□生产过程中
□接收</td><td>（6）试验程序号__________
段号__________
试验设备　系列号
________　________
________　________
________　________</td></tr>
<tr><td>（7）装置（发生故障的试验件）
批准者__________
日期__________
产品修理控制□
命令号__________
废品　□
保留供器材审查委员会审查□
保留未定的故障分析或改正措施□</td></tr>
</table>

续表

<table>
<tr><td colspan="3">(8) 故障描述（这里适当描述试验与环境条件）
____
____
影　　响______________________
系统工作______________________</td></tr>
<tr><td colspan="3">(9) 试验操作人员签名____________ 日期____________</td></tr>
<tr><td colspan="3">以下供可靠性工程部门使用
(10) 初步研究说明______________________
____
____
____
要求进一步分析　是　□（要求故障分析报告）
否　□故障认为是保密的
使系统或部件恢复工作所采取的维修措施
____
____
更换产品____________ 调整____________</td></tr>
<tr><td rowspan="2">停机时间
诊断
拆卸/更换/检查____
推迟__________
总数__________</td><td colspan="2">系统或部件返回试验的日期与时间</td></tr>
<tr><td>(11) 故障分类
相关的　□
不相关的　□
责任的　□
非责任的　□</td><td>(12) 人为故障　□</td></tr>
<tr><td colspan="3">(13) 可靠性工程部门签字</td></tr>
</table>

表4—2　故障分析报告表（样件）

<table>
<tr><td colspan="4">故障分析报告 FAR</td><td colspan="3">①故障报告号</td></tr>
<tr><td colspan="4">③修理记录，更换零件</td><td colspan="3">②日期</td></tr>
<tr><td>零件编号</td><td>制造</td><td>制造厂商零件号</td><td>电路符号</td><td>零件序列号</td><td>零件批号</td><td>产品订货号</td></tr>
<tr><td></td><td></td><td></td><td></td><td></td><td></td><td></td></tr>
<tr><td></td><td></td><td></td><td></td><td></td><td></td><td></td></tr>
<tr><td></td><td></td><td></td><td></td><td></td><td></td><td></td></tr>
<tr><td></td><td></td><td></td><td></td><td></td><td></td><td></td></tr>
<tr><td colspan="7">调整</td></tr>
<tr><td colspan="7">④分析说明（如必需，使用附加页）</td></tr>
<tr><td colspan="7">⑤是否要求改正措施　　⑥签名　　日期
是 □　　否 □</td></tr>
</table>

表 4—3　改正措施申请表（样件）

<table>
<tr><td colspan="2">参照故障报告</td></tr>
<tr><td>改正措施申请　CAR</td><td>报告号
日期</td></tr>
<tr><td colspan="2"></td></tr>
<tr><td colspan="2">技术命令：________ 部门________
问题描述

建议

签名：　可靠性经理________日期________
　　　　工程经理________日期________
　　　　项目经理________日期________</td></tr>
<tr><td colspan="2">采取措施

签名________
日期________
将填完的表格返回到可靠性部门，送表人签名________日期____</td></tr>
<tr><td>工程更改命令号</td><td>签名　　　日期</td></tr>
</table>

表 4—4 故障报告表（示例）

<table>
<tr><td></td><td>故障报告 FR</td></tr>
<tr><td>（1）系统 遥测系统
项目号____产品订货号____</td><td>（2）报告号________
日期 92.3.14</td></tr>
<tr><td>（3）组件 分组件 部件____
____
____号____号____号____</td><td>（4）事件发生日期 92.3.14
时间________________
总工作时间________小时</td></tr>
<tr><td rowspan="2">（1）故障发现时机
□设计验证试验（说明）
____
____
□生产前系统部件试验
□可靠性增长 □可靠性验证
□研制 □其他
□鉴定 叙述________
□生产试验________
□验收
□生产过程中
□接收
□使用及飞行
□地面测试
□飞行 □在轨运行</td><td>（6）试验程序号__________
段号________________
试验设备 系列号
________ ________
________ ________
________ ________</td></tr>
<tr><td>（7）处置 故障件
批准者__________
日期__________
产品修理控制□
命令号__________
废品□
保留供器材审查委员会审查□
保留未定的故障分析或改正措施□</td></tr>
</table>

续表

(8) 故障描述（这里适当描述试验与环境条件）

在发射阵地系统功能测试时，当二级由箭上供电转地面供电中，地面电源出现过流保护，经检查是 8Y14－2A 有两点短路

影　响 停止测试，排除故障（更换设备）

系统工作______

(9) 试验操作人员签名______ 日期______

以下供可靠性工程部门使用

(10) 初步研究说明 当系统转电时瞬时电压上冲使该机三极管击穿，出现短路

要求进一步分析 是 □（要求故障分析报告）

否 □故障认为是保密的

使系统或部件恢复工作所采取的维修措施

______

换下故障设备 8Y14－2A 的 1# 机

更换产品 备份设备（6# 机） 调整______

停机时间 12 小时 诊断 1 小时 拆卸/更换/检查 1 小时 推迟 2 小时 总数 1 次	系统或部件返回试验的日期与时间	
	(11) 故障分类 相关的 □ 不相关的 □ 责任的 □ 非责任的 □	(12) 人为故障□

(13) 可靠性工程部门签字 日期

表4—5 故障分析报告表（示例）

<table>
<tr><td colspan="4">故障分析报告 FAR</td><td colspan="3">①故障符号</td></tr>
<tr><td colspan="4">③修理记录，更换零件</td><td colspan="3">②日期</td></tr>
<tr><td>零件编号</td><td>制造</td><td>制造厂商零件号</td><td>电路符号</td><td>零件序列号</td><td>零件批号</td><td>产品订货号</td></tr>
<tr><td>6#</td><td>210厂</td><td></td><td></td><td></td><td></td><td></td></tr>
<tr><td></td><td></td><td></td><td></td><td></td><td></td><td></td></tr>
<tr><td></td><td></td><td></td><td></td><td></td><td></td><td></td></tr>
<tr><td></td><td></td><td></td><td></td><td></td><td></td><td></td></tr>
<tr><td colspan="7">调试情况</td></tr>
<tr><td colspan="7">④分析说明（如必需，使用附加页）
8Y14－2A频率信号变换器1#机在发射阵地转电时出现短路，造成系统地面电源过流保护。该故障的原因在返厂开盖检查及失效物理分析后证实是该机所用DC/DC电源变换电路的三极管3AX55C被击穿，C－E极短路。
进一步分析三极管击穿原因：用示波器观察，××型号遥测系统供配电系统从箭上供电转地面供电时，由于远端调压点的切换，瞬间可产生8V上冲，即供电电压调为30V时最高瞬时电压达38V。这就要求换流器电路上的三极管3AX55C的BV_{cer}应大于3×38V才能保证不被击穿。实际出故障的1#机上的3AX55C（装机编号为1346）的BV_{cer}只有90V，因此击穿地概率很大。</td></tr>
<tr><td colspan="7">⑤是否要求改正措施　　⑥签名　　日期　92.3.28
是 ☑　　否 □</td></tr>
</table>

表 4—6　纠正措施申请表（示例）

<table>
<tr><td colspan="2" align="right">参照故障</td></tr>
<tr><td>纠正措施申请　CAR</td><td>报告号
日期</td></tr>
<tr><td colspan="2">技术命令：________________________________部门__________
____

问题描述
　　8Y14－2A 的 1# 机在发射阵地系统功能检查时，供电由箭上转地面电源中出现短路，造成地面电源过流保护，经失效分析确定原因是该机所用三极管 3AX55C 因瞬时电压上冲使之击穿所致。

建议
　　1. 更改操作规程、转电之前先断电；
　　2. 提高三极管筛选条件。

签名：　可靠性负责人______________日期________________
　　　　设计师____________________日期________________
　　　　项目负责人________________日期________________</td></tr>
</table>

续表

<table>
<tr><td colspan="2">采取措施
1. 更改操作规程：箭上供电转地面之前先切断箭上供电。
2. 更改 8Y14－2A 的三极管 3AX55C 筛选条件，将 BV_{CCO} 及 BV_{cer} 的筛选条件由≥90 V 改为≥120 V。

签名＿＿＿＿＿＿＿＿
日期＿＿＿＿＿＿＿＿
将填完的表格返回到可靠性部门，送表人签名＿＿＿＿＿＿
日期＿＿＿＿＿＿＿＿</td></tr>
<tr><td>工程更改命令号</td><td>签名　　　　日期</td></tr>
</table>

思　考　题

1. 故障报告的程序？
2. 故障报告的内容？
3. 故障报告的用途？
4. 故障分析的必要性？
5. 故障分析的方法？
6. 故障分析结论不一致怎么办？
7. 保证 FRACAS 有效运行的关键是什么？
8. 如何改进航天型号 FRACAS？

参考文献

[1]　MIL—STD—1543B《航天器和运载火箭可靠性大纲要求》. 质量与可靠性编辑部，1991.

[2]　MIL—STD—2155《故障报告、分析和纠正措施系统》，1985.

[3]　QJ 1408《航天器和导弹武器系统可靠性大纲》.

[4]　GJB 841《故障报告、分析和纠正措施系统》.

[5]　(美军) 可靠性设计手册 (第二卷). 丁连芬，等，译. 北京：航空工业出版社，1988.